CAFICT
有咖啡的生活

久保田真梨子　著
張成慧　譯

器皿擺設、沖煮技巧、輕食餐搭，
打造家的咖啡館

※書中介紹的器具和物件是作者實際在使用的東西，因此有一些目前已經不在市面上販售，敬請體諒。

※刊登的商品情報為2021年10月撰稿時的資料。

前言

從開始自己動手沖煮咖啡，至今已大約十二、三年。最初我對黑咖啡的感想只有苦澀難耐，一點也不喜歡。

「CHEMEX」則是讓我開始接觸手沖咖啡的契機。在濾紙裡放入咖啡粉，然後注入熱水。光是這樣一個動作，就帶給我很大的衝擊。

現在街上四處都是咖啡店，然而在當時，提到咖啡店就只有喫茶店或星巴克。對於只沖過即溶咖啡的我來說，連「手沖」是什麼都不曉得。而就在那時，我第一次看見使用CHEMEX製作咖啡的過程，飄散在空間中的咖啡香氣與水蒸氣，以及滴落在瓶中的咖啡液，營造出了一種獨特氣氛。這個景象已足以讓我深深著迷。也就是說，我最早愛上的並不是咖啡，而是CHEMEX。為了使用它，我才開始煮咖啡，而漸漸地，我也開始對沖煮方式感興趣，想學習如何製作一杯美味的咖啡。因此，我除了去聽咖啡講座，也在生活中尋找有關手沖咖啡的知識。

接下來很自然地，我開始想要一台自己的「磨豆機」。現在回頭看或許很難想像，但是在當時，磨豆機不論種類或品牌都沒有太多選擇，就連在網路上也找不到什麼選購資訊。在摸不著頭緒的狀況下，我還是先買了按鈕控制的砍豆式磨豆機來試用。透過實際操作使用，讓我知曉了其優劣之處，之後又買了其他磨豆機，一樣也是在真正用過之後明白了其優缺點。同樣的過程反覆循環，不知不覺中，我對咖啡器材的研究變得逐漸透徹。

就在此時，我突然想到，也許會有和我一樣不得其門而入的咖啡同好正感到困惑，因此浮現了寫部落格的念頭。而當時的部落格，就是現在的「CAFICT」。我因為女兒體弱多病而無法出外工作，也許就是出自這個原因，讓我得以細水長流地經營部落格。在懷女兒的時候，一開始讓我害喜的其實也是咖啡。雖然當時很辛苦，但是現在回想起來彷彿一切都有所關連。我總是在心裡感謝可愛的女兒，以及帶我認識CHEMEX的丈夫。

話說回來，好像蠻多人覺得咖啡是一門「高深的學問」。其實每一種咖啡豆適合的沖煮方式都不一樣，一杯咖啡美味與否也因人而異。所以我認為只要在品嘗咖啡的當下自己覺得好喝，那麼不管使用何種沖煮法和器材，都是一杯最棒的咖啡。你可以隨心所欲地省去繁複步驟，按自己的心情沖煮；或是相反地，沖一杯極致講究的咖啡。如果覺得不順口，再自己去找找原因，或是向咖啡店的工作人員討教。喝咖啡是一天之中難得的療癒時間，要是有太多規則要遵守，不免讓樂趣減半。因此，只要在自己可以接受的範圍內，就是最棒的沖煮方式。顛覆常識的沖煮法搞不好能做出一杯極品般的咖啡也不一定！我所追求的並不是專業咖啡店端出的咖啡，而是在家為自己帶來樂趣的咖啡。只要自己滿足了，就是一杯最棒的咖啡。請一定要試試只為自己而打造的美好咖啡生活。

part. 1
我的咖啡生活

下雨的日子

下雨天總讓人心浮氣躁。
明明沒發生什麼特別的事，
心卻不安定。不知道什麼原因，
但我總是如此。
所以每次下雨，
我都會避免「新的開始」，
因為它們總需要幹勁和腦力。
在下雨天，我會好好整頓心情與生活。

早上起床做完例行打掃工作之後，
心情多少緩和了下來，也撫平了浮躁感，
如果當天沒有計畫外出，
我就繼續把平時沒時間完成的地方打掃乾淨，
或是整理相片檔案，
打開電腦處理一直拖著沒做的事情。
有時候則一手拿著點心配咖啡，
看書、看漫畫、看電影，
然後靜靜地想想接下來要在Youtube發表的影片內容。
這些事情對於原本就很享受一個人思考和工作的我來說，
是無與倫比的奢侈時光。
就這樣，不知不覺地一天就結束了。

加入滿滿牛奶的咖啡歐蕾溫暖身心。

一邊啜飲，一邊感受著雨的氣味和聲音，感覺好安心。

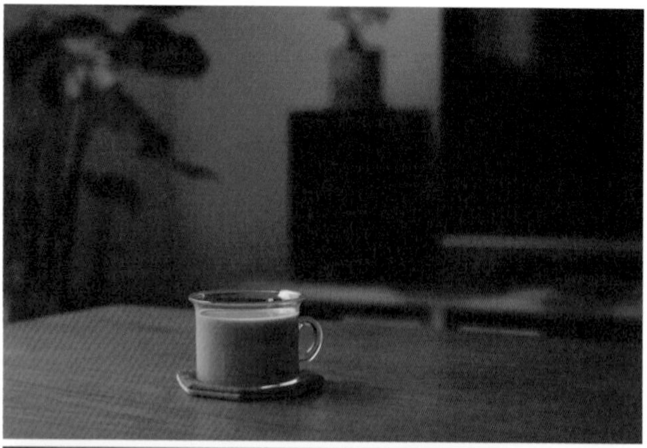

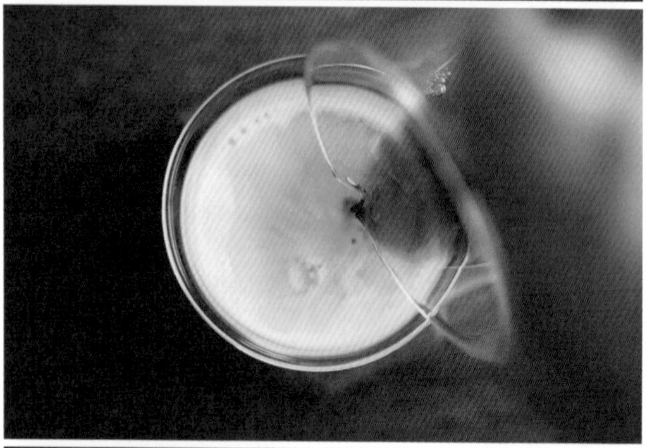

在下雨的日子，
我好像特別喜歡熱呼呼的咖啡，
喝下去胃就暖了起來，
不安的心情也跟著緩和下來。
在大一點的馬克杯裡，
加入滿滿的牛奶與咖啡，就是一杯咖啡歐蕾。
品嘗淺焙咖啡時，我會配上蜂蜜和檸檬；
用深焙豆細心沖煮的濃郁咖啡，
則加少許牛奶及糖漿。
選一個喜歡的馬克杯，一邊做自己的事，
一邊慢慢地享用帶有微甜的咖啡。
因為帶點甜味，即使放涼了還是很好喝。

雖然雨天會隱約帶給我一絲不安，
但是我一點也不討厭雨的氣味和聲音。
反而還特別喜歡，想轉換一下心情時，
我會把窗打開，或是在陽台旁喝杯咖啡，
偶爾像這樣眺望著雨滴，感受雨的氣味，
用美味的咖啡讓身體從內暖起來。
要是能再配上讓人心動的甜點，
即便是再平凡不過的一天，
都是至高無上的幸福日子。

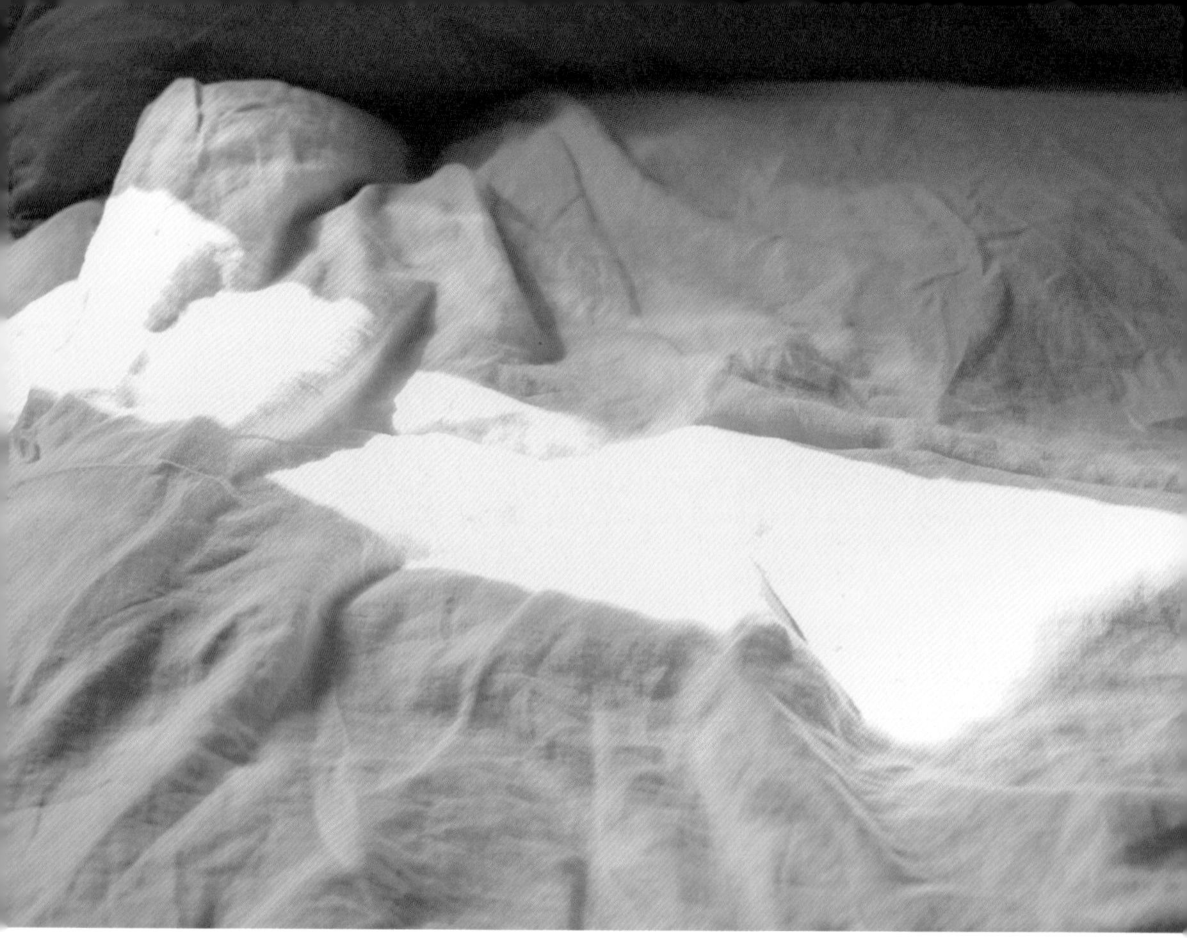

新開始的日子

興起要開始某件事的念頭
並決定付諸實踐時，
首要條件是身體狀況絕佳。
從深沉睡眠中甦醒的早晨，
頭腦和身體都能運作自如。
如果又是個晴天，就再好不過了。

平時的我很難早起，
總是在快來不及時才起床，
匆匆忙忙地為女兒準備早餐，
送她們去學校後才終於能喘口氣。
然後沖杯咖啡。
早上我多半都喝手沖咖啡。

燒一壺熱水，秤量咖啡豆，研磨成粉。
取出濾杯和咖啡下壺，好好地墊上濾紙。
依據心情我會用不同的濾杯，
每天都維持一連串同樣的步驟。
雖然反覆做相同的事，
咖啡的香氣和風味卻總是風情萬種。

清早喝一杯美味的咖啡，是我的日常儀式。
我從咖啡的香氣與風味中獲得動力。

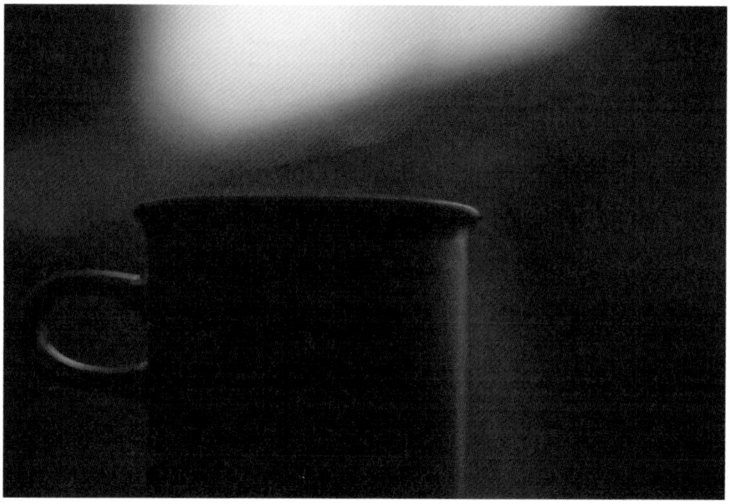

沖煮咖啡時，
我最喜歡打開包裝袋的一瞬間。
迷人的香氣輕輕地擴散開來，
隨著研磨成粉，香氣更加濃烈了起來。
粉層因注入熱水而膨脹排氣，
升騰的水蒸氣夾帶著的依然是四溢迷人的香氣。
咖啡液一點一滴地流入咖啡下壺裡。
喝著自己細心手沖的咖啡，
心情和身體都跟著有了活力，湧現出幹勁。

說到展開新事物，
聽起來好像是要做些了不起的事，
但其實像改變陳設、出門購物、
前往口袋名單的咖啡館坐坐、
嘗試新食譜裡的料理等等，
這些小小的事情也都是新的開始。
雖然工作很繁忙，從微小事情慢慢累積，
對自己來說都是成長的點滴，
漸漸地做到的事情變多了，
內心也更加滿足。

忙碌的日子

忙碌的日子對我來說，
通常從一早開始心裡就有數
「今天會很忙」。
非做不可的事從腦中一件件地浮現，
思考排序的同時一邊開始著手準備。
事情雖不是件件繁瑣，
但交疊在一起時便使人忙了起來。

以我自己常遇到的情況來說，
早上匆忙地做完家事，接著一路到中午，
趁著光線正好時拍攝影片，
然後開始做委託的案子，拍照或寫稿，

下午兩點參加線上會議，
會議結束時女兒也差不多放學回來了，
在她出門學才藝前，為她準備些輕食，
然後出門採買，回家後準備晚餐，
吃完晚餐洗碗整理，
幫女兒檢查作業和瑣事……
一直到晚上再來編輯影片。
像這樣有各種非做不可的事情等著自己，
或是必須專注在某項工作、大量思考的
時候，
我會刻意不讓自己吃太飽。
吃得太飽除了想睡，
還會因為太滿足而行動力銳減。

忙碌的日子，還是會想喝一杯香甜的咖啡。

不僅為疲勞的身心帶來活力，也是屬於我的療癒。

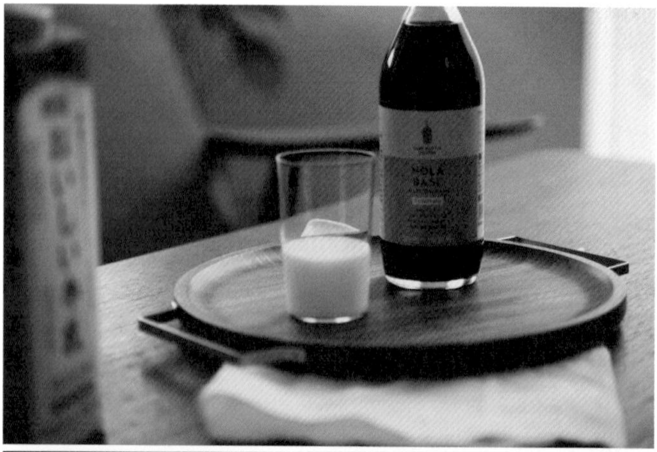

在那樣的日子，我會在早上或中午
咕嚕地喝一杯能稍微果腹的東西。
像是加入滿滿牛奶或豆漿的咖啡，
如果感到特別疲勞，再額外加點甜。
這時候腦中浮現的總是古早味的咖啡牛乳。
我最喜歡帶一絲清甜的咖啡牛乳，如同加滿牛奶的早餐玉米片一樣。
彷彿像剛泡完澡，大口大口地享用冰涼的咖啡牛乳，
「好！加油吧！」喝完之後精神飽滿地對自己喊話，
順利度過忙碌的一天。
如果需要思考事情，我會選擇讓頭腦清醒的黑咖啡。
最後，當忙碌的一天結束、終於可以放鬆的時刻，
……就來一杯啤酒吧！

天氣轉涼的日子

當一早起床開始感到涼意時，
我們家的早晨冰咖啡就會改成熱咖啡。
比起大熱天，我更不敵寒意及難以克服手腳冰冷。
話雖如此，也許是夏天蟲子多又容易曬傷，
最近又特別多雷雨及豪雨的關係，
我好像還是比較喜歡冬天。

直到最近，我發現也許還有一個理由。
由於我本身最喜歡的就是冰咖啡，
夏天時絕大部分喝的都是冰咖啡。
所以只要天氣一轉涼，
就會興起「今天早上來喝熱咖啡吧！」的心情，
今夏也就隨著早晨的熱咖啡宣告結束了。
要說我是透過咖啡體會季節的轉換也不為過。
而那也是總令我感到怦然心動的一瞬間。

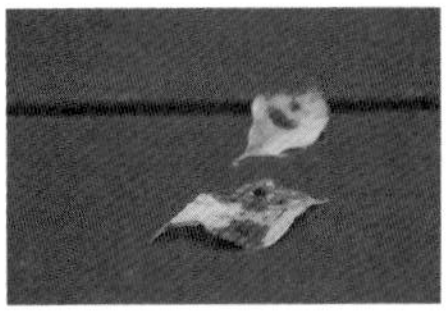

當熱咖啡的出場率增加時，
秋天也跟著來了。
在微微的寒意中升起的熱氣及香氣，
讓臉上的表情也跟著柔和起來。

果然，說到咖啡，
腦中便浮現熱氣裊裊升起的一瞬間，
在天氣冷的日子沖煮熱咖啡時，
那一幕光景使我深深著迷。
天氣變得越來越冷，
使濾杯壟罩在白色水蒸氣之中。
每一次將熱水注入濾杯中，
看著飄散開來的熱氣，
慢慢地分次注入熱水，
最後將沖煮好的咖啡，
用喜愛的咖啡杯盛裝。
我喜歡那種拿在手上時，
能夠傳遞咖啡溫度的杯子。
尤其是在寒冷的日子，
特別能感受到咖啡帶來的溫暖。

雖然前面說過，
我最喜歡打開咖啡豆包裝袋的一瞬間，
然而其實還有一個令我深深著迷的時刻。
那就是把沖好的咖啡倒入杯中的一刻。
除了因為可以將香氣逼人的咖啡注入喜歡的杯子裡，
可能也有「終於可以喝了！」的關係吧。

悠閒在家的日子

沒有特別的外出計畫，
悠閒在家時要做些什麼好呢？
這時候我的回答只有一個，
那就是徹底的懶散度日。
不久之前我還覺得這樣很浪費時間，
硬是打起精神讓自己出門，
不過最近我的想法似乎全然改變了。

從一早開始就只是癱在沙發上放空，
不時滑滑手機、翻翻書，或是看個電視。
然後吃些自己愛吃的東西，度過一整天。
光是這樣我就覺得超級幸福。
會這麼想的應該不只有我吧。
不過因為女兒也在，
想一整天完全耍廢其實不太可能。
而最近的我甚至可以說是為了
能有更多偷閒的時間而工作。
而在這樣的日子，
當然也要悠閒享受咖啡時光。

空白的時間為心靈創造餘裕，
慢慢地過生活，
享受可貴的咖啡時光。

既然是在時間充裕的日子，
就要用心愛的手搖磨豆機慢慢地把豆子磨成粉，
在咖啡香氣的包覆下細心手沖。
親手一點一滴地萃取濃縮咖啡或許也不錯。
無論哪一種都是在空閒時候才能享有的悠哉咖啡時光。
果真好幸福。

雖說想懶散度日，不過對於吃，
還是要選自己真正喜愛或覺得美味的東西，
即便是外面買的也無妨。
配著仔細沖煮的咖啡，
就算不是精緻的料理，
只要好吃就行了。
烤一片吐司、擺上喜歡的水果，
再淋上滿滿的楓糖漿。
如此簡便的吐司盤，
對我來說都是最棒的咖啡良伴。
悠閒在家的日子，
就是我給自己的獎勵。

沒有幹勁的日子

任誰應該都會有缺乏幹勁的日子。
也許因為天氣，又或者沒來由地就是什麼也不想做。
每個人都有林林總總提不起勁的理由。
我大部分是因為純粹感到疲倦，
或是有事牽掛在心、陷入自我厭惡時，
就會出現提不起勁的狀態。

我曾經想過，
大家都是如何克服這種狀態的呢？
我的話多半是聽著喜歡的音樂一邊哼唱，
或是玩玩遊戲、看看漫畫，靠時間解決一切。

我是這樣度過的。
此時看看我先生，
他就像是不斷地在顧慮我，並試圖接受它。
每個人都有各自的排解方法，
以我來說，無疑地就是用逃避現實戰術。
埋首漫畫或遊戲、哼唱歌曲，
總之就是想要有足夠的時間能夠逃避現實，
隨著時光的流逝，讓心情穩定下來。

無論如何都提不起勁時就不勉強自己。

然後，從最愛的咖啡中獲得活力。

此時喝的，都是準備起來最簡單的咖啡。
其中最多的就是濾掛式咖啡。
打開包裝袋，注入熱水就完成，
只要動手燒個水，
就能得到一杯美味的咖啡。
到咖啡店買咖啡豆時，
我總會在結帳時順手帶個一兩包濾掛式咖啡。
不僅包裝袋很可愛，
比起即溶咖啡也更好喝，
沖煮起來輕輕鬆鬆。
即便只是打開注入熱水，
拆開外包裝時飄散出來的咖啡香氣，
依然能夠為我帶來療癒。

雖然我是因為方便才選擇濾掛式咖啡，
但是讓我感到療癒的，或許仍是悶蒸與分次注水的過程。
一連串沖煮咖啡的動作，賦予我安心感。
當然還有因為從愛店購買的濾掛式咖啡實在是好好喝，
又再一次治癒了我的心。
我就如此這般，一步步慢慢地拾回活力與幹勁。

特別的日子

說起特別的日子，你的腦中浮現的是什麼呢？
也許是生日、聖誕節、新年、紀念日，
或是成就某件事的日子吧。
對我來說，生日尤屬特別之日。
但我指的不是自己，
而是家人的生日。

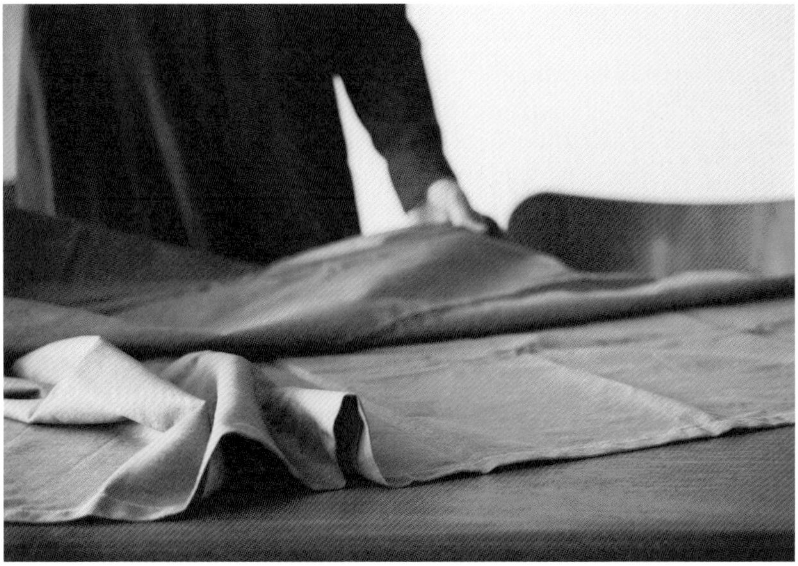

這個日子充滿著美味的食物與蛋糕，
以及家人的笑容。
當然還有好喝的咖啡。
在大夥兒齊唱生日快樂歌之前，
先準備好足量的咖啡。
雖然壽星不是我，
還是會把想在這一天
喝的豆子先買起來。
每年大家想吃的蛋糕都不一樣，
不過因為每個人都喜歡水果，
通常塔派的登場率較高。
如果是鑲滿水果的蛋糕，
配的自然就是淺焙咖啡了。
巧克力蛋糕的話則選擇深焙。
先清點大家想吃的蛋糕，
然後左思右想該買哪裡的咖啡豆，
對我來說也是一項樂此不疲的任務。

談笑之間每個人的臉上都浮現滿足笑容。
在家人一起慶祝的日子裡，
即便只是咖啡，也顯得格外特別。

操作著心愛的咖啡器具，
感受全身被「迷人香氣」包覆著，
一邊聽女兒們談天說地，
一邊沖煮著咖啡。
還要準備好喜歡的杯子。
女兒們此時也會跑來自己選一個可愛的杯子。
不過裡面要裝牛奶就是了。

當咖啡的香氣四溢在整個空間中，
此時我會點上蠟燭，把燈關掉。
女兒們有一天應該也會成家，
如此這般地慶祝吧。
沒來由地擅自妄想遙遠的未來，
內心隱約湧上一股寂寞的情緒，
大概就是我離不開孩子的證明吧。
希望永遠不會聽到「媽媽，你好煩」這類的話。

沮喪的日子

即便不是特別重大的原因，
有時候一些沒做到完美的事情，
總是盤據在心裡。
雖然知道都是一些細微末節的小事，
內心的某處還是會感到煩躁。
每個人都有沮喪失落的時候。
我偶爾也會遭遇那樣的日子。

此時，我會徹底地溺愛自己。
對我來說，這種時候最重要的就是什麼都不做。
可以的話，希望有人可以幫我沖杯咖啡，
或是做飯給我吃。
因為我一步也不想動，只想懶洋洋地度日。
話雖如此，我還是得準備女兒們的三餐，
有工作的時候也必須面對電腦。
想到要出門去喝咖啡，也會覺得有些麻煩。

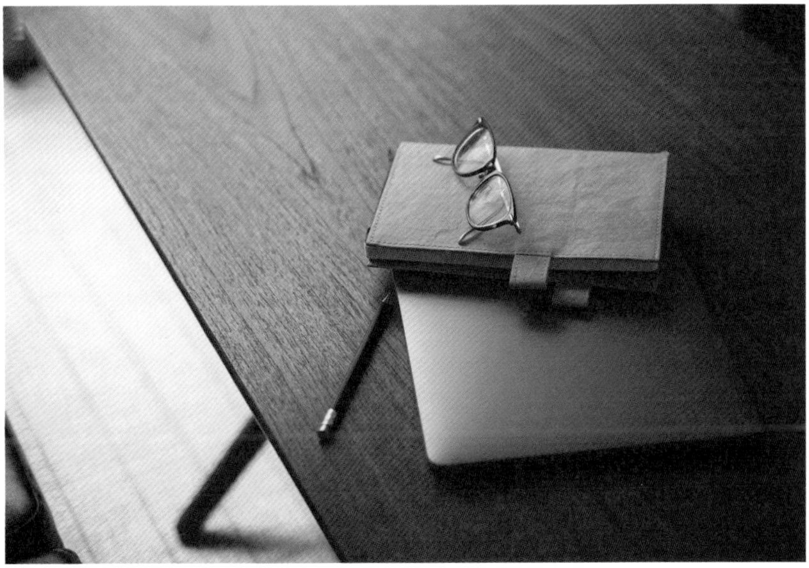

心情低落的時候，就徹底地對自己、也對家人撒嬌。
當然，也要用咖啡和咖啡良伴寵一下自己。

當我沮喪時候一定會出場的東西，
就是家裡儲備的點心，
以及甜到要融化般地拿鐵咖啡。
由於咖啡很甜，我通常會想配鹹的洋芋片一起吃。
這個充滿罪惡感的組合，
其實正是我的最愛。

「沮喪的日子放縱一下沒關係吧？」
我就這樣一邊像在心中說服別人一樣，
一邊享用著香甜的拿鐵咖啡和洋芋片，
慢慢地恢復活力。
心裡感覺也稍微跟著肚子一起滿足了。

慢慢恢復活力後，
我會去餐廳外帶飯菜，
工作和家事也簡化到最少。
讓自己稍微輕鬆一點，吃些喜歡的食物，
再喝一杯美味的咖啡疼惜自己的心和身體。
接著到了隔天，
我會像往常一樣沖煮咖啡，
讓香氣療癒自己，
然後慢慢的讓心情恢復。

part. 2

我心愛的器具

用心愛的器具讓自己喘口氣

在休假日或平時短暫的放鬆時間，
準備心愛的器具讓自己喘口氣，
是讓我的心情為之雀躍的事情之一。
盛裝美味咖啡的咖啡杯或玻璃杯，
那些用在專屬自己的美好時光的器具，
光用看的就覺得好幸福。
在這之中我收集最多的應該就屬玻璃杯了。
因為除了一定要有的冰咖啡，
我也喜歡碳酸飲料和酒。
果然，經常使用的餐具種類只會越來越多呢。

minä perhonen

獨樹一格的設計，讓我第一眼就愛上它。雖然叫濃縮咖啡杯，但是略小的杯型恰到好處。我總是會在杯盤旁放些點心，一邊續杯，一邊慢慢享用。

COFFEE COUNTY

這是一款由福岡的咖啡店COFFEE COUNTY與玻璃工房STUDIO PREPA聯名製作的咖啡杯。精心設計的厚度，拿在手上時，咖啡的溫度恰到好處。

ARABIA Myrtti 古董杯盤

略顯暗淡的藍色，第一眼就深深吸引我。已經好一陣子沒有遇到像這樣讓我心花怒放的咖啡杯盤組了。而且它們和我長年使用的柚木餐桌調性很搭，真的太喜歡了。

橫山拓也

拿在手上時略為粗糙的觸感，灰泥塗料般的杯體，散發一種獨特的氣質。無論咖啡、日本茶，甚至湯品都適用，輕巧合宜的尺寸在日常生活中很方便應用。

GUSTAVSBERG Spisa Ribb 古董杯盤

我會愛上北歐餐具，都是源自設計這款杯子的設計師Stig Lindberg。這款Spisa Ribb儘管配色端莊穩重，卻不失可愛。現在也推出復刻版。

ARABIA Faenza 古董杯盤

Faenza系列儘管杯型相同，花色的設計卻包羅萬象，還有像是黃色等大膽的款式。我因為想要一組可以百搭的黑白調性古董杯盤，因此選了這一款。

在跳蚤市場購入的有腳玻璃杯

一見鍾情買下的葡萄酒杯。杯腳超乎預期地穩固，用起來安穩且順手。喝冰咖啡時，這款杯子經常派上用場。

iittala Teema（Linen / scope）

經典的Teema系列由Kaj Franck設計，永不過時的造型就是讓人愛不釋手。杯盤沒有凹槽，因此可以當作一般盤子使用，是其魅力之一。這款亞麻色是網路商店scope的訂製款式。

RITOGLASS

無論是杯型、薄透感和顏色，都非常適合用來盛裝咖啡。雖然一邊想著裝咖啡應該還是選透明款比較好，但卻還是買了好幾個很吸引人的灰色和琥珀色等顏色及杯型的款式。這款可愛的玻璃杯也是我愛用之一。

Cores KIKI MUG

這款馬克杯是與知名濾杯品牌ORIGAMI合作推出的產品。實際容量比外觀看起來還要大，獨特的設計使杯子貼近唇邊時香氣集中，能全然地享受每一滴咖啡。

笹川健一 葡萄酒杯

充滿氣泡如畫一般的玻璃杯。購買時店家告訴我盛裝氣泡飲料，杯子看起來會更可愛，試了之後果然沒錯。我常用它來裝氣泡濃縮咖啡等碳酸類的飲料。

「這些真的都是我平時經常使用的器具。雖然它們各司其職，但每一個我都愛不釋手。」

ARABIA Ruska 古董杯盤

每一件作品都各有風情的Ruska系列，低調的顏色與具有分量感的造型，光是放在桌上就很引人注目。厚厚的杯盤很耐用，在我家的出場率頗高。

BODA NOVA
古董杯盤

原本我就十分偏好玻璃材質，看到BODA NOVA的這款杯盤更是特別想要。無論是大小或杯型、厚度，每一個細節都正中我的喜好。

畠山雄介
有腳杯

實際上不僅非常輕薄，外型也很輕巧。除了裝冰咖啡之外，也適合用來喝葡萄酒。因為平時偏愛玻璃材質，這款應該是我第一次購買的陶製有腳杯。

讓我心動的各式器皿

無論是用雙手捧起時，亦或是擺設在餐桌上，
我心愛的每一個器皿都有各自吸引我的地方。

01
手感佳的大小及材質

即便我習慣大量飲用咖啡，相較於馬克杯，我卻偏好選擇較小、能夠握在手中的咖啡杯。這種杯型不僅能讓雙手感受到咖啡的溫度，捧在手上時能夠完全掌握也隱約為我帶來一種安穩的感覺。這也使得飲用時需要反覆從咖啡下壺補充咖啡液，不過正好很適合著迷於從下壺將咖啡注入杯中那一瞬間的我。

02
老物件

過去Stig Lindberg的設計深深吸引著我，以此為契機，我開始熱衷於北歐的古董器具。然而不僅北歐，日本的器具或家具也一樣，珍惜地使用心愛的東西，然後傳承給其他人，這樣的做法真的很棒。這些物品各自帶有獨特氣息，有些富有歷史感的物件用起來更是感觸頗深。

03
玻璃材質

我喜歡器皿，然而一眼望去我的餐櫃，其中絕大部分都是玻璃材質。玻璃器皿光是擺著就很美，盛裝飲料時也能一目了然，實在賞心悅目。我不只用它們裝冰咖啡，也裝啤酒或碳酸飲料等等。想想一切的起因應該都是因為我很常喝冰飲的關係吧。

04
適合木製餐桌的配色

我也愛用古董餐桌。杯盤放在餐桌上彼此融為一體的景象更是令人著迷。我在購買餐具時，雖然會留意大小，但是更多時候，我會一邊想像放在我家餐桌上的樣子和氛圍，再決定要不要購買。相較於五彩繽紛的設計，我更傾向選購那些不起眼卻又穩重的配色。

05
帶腳玻璃杯

在買玻璃杯時，我經常下意識地選擇帶腳的杯型。也許是因為小時候只要到稍微高級一點的餐廳吃飯，就會看到爸媽用帶腳玻璃杯小酌，令我心生憧憬吧。不管是輕薄且富高級感的杯型，或是平時用的玻璃杯，在將飲品注入的一瞬間，看起來總是很誘人且優美，目光也就這麼不自覺地集中到帶腳玻璃杯上了。

我心愛的咖啡器材

對於所有在沖煮咖啡時能派上用場的小道具，我都無一不講究。把心愛的它們全部集合起來，咖啡時光顯得更加美好。

咖啡量匙

長柄的量匙拿起來很順手；短柄則能夠直接放在儲豆罐裡。選購時我不假思索地完全以設計作為挑選依據。由上而下為：MORIHICO.×Craft K、IKEA、ACTUS、HMM（台灣）。

BODA NOVA
古董燒杯

簡約平凡的燒杯，可以用來當磨豆機的接粉杯，或是擺放調和咖啡豆時要用的攪拌匙等，多半是短暫出場一下的器具。這也是在我的部落格及社群網站上詢問度很高的製品之一。

「美好咖啡時光中的小小配角們。一件件選物收集的過程也令我樂此不疲。」

WPB
咖啡濾紙收納夾

使用德國製合成皮革、製作十分精良的濾紙收納夾，無論是實用面或設計面都無可挑剔。上蓋內藏有磁鐵，輕輕一推就能闔起，而且很好攜帶。

攪拌匙

我喝咖啡一定會攪拌，所以每當看到喜歡的攪拌匙就異常興奮。畢竟攪拌匙的出場率很高。由上而下為花梨木攪拌匙（於POOL＋購入）、柳宗理不鏽鋼攪拌匙，以及在ACTUS和雜貨店購入的攪拌匙。

八邊形餐具墊

Shell House製作生產的墊子。似乎不曾有這種鋪在餐具底下的墊子。在我們家會將墊子擺在餐桌中央，將家族全員的餐具前端排在墊子上。

八邊形杯墊

同樣是Shell House的杯墊。恰到好處的厚度，搭配我們家裡每一個玻璃杯或杯子調性都很合，十分好用。售價平易近人，因此我經常添購。

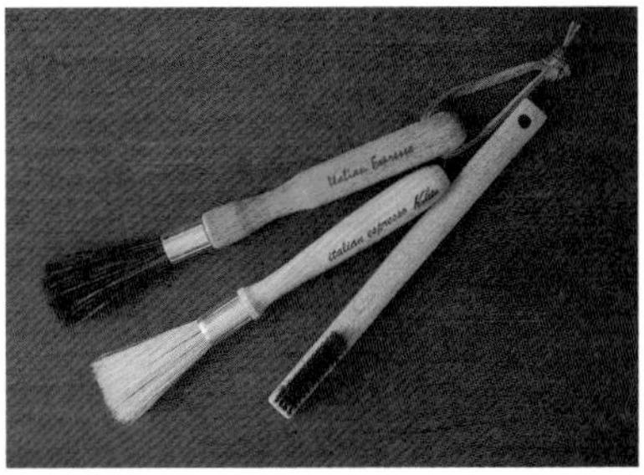

清潔刷

散落的咖啡粉和磨豆機都需要清掃，其中Redecker（上）及Kalita（中）的產品刷毛硬度適中，是經典的品項。無印良品（下）的木製清掃刷，則是我在清掃殘留於電動磨豆機中咖啡粉常用的道具。

everyday保存罐

自從聽說濾紙擺在外面會吸味道之後，我都會盡量將之裝入附蓋的容器裡。這個開關順暢的圓柱狀罐子十分方便，用來裝波紋蛋糕型濾紙能避免變形。

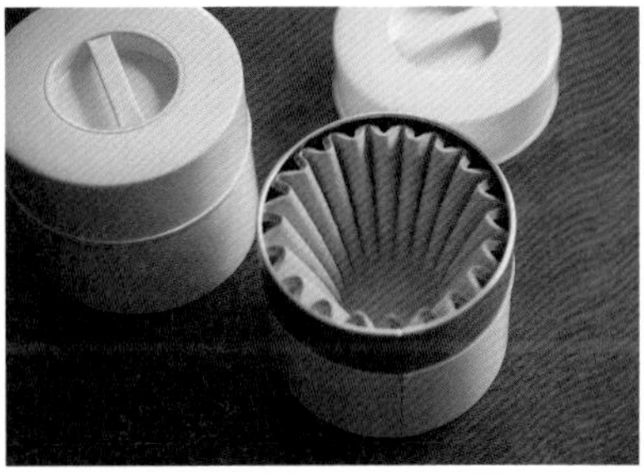

00:00
0.0

part. 3

選購器材與沖煮技巧

萃取一杯手沖咖啡

手沖咖啡的器材繁雜，講究起來可說是沒完沒了，不過一開始只要先有濾杯、濾紙，以及咖啡粉和熱水就可以了。趕緊踏出第一步，試著享受自宅咖啡的樂趣吧。

入門的好用器材

最基本需要準備的器材有濾杯、濾紙和下壺。
看著香醇的咖啡一點一滴集中到下壺，實在太幸福了。

Coffee dripper & server

咖啡濾杯＆下壺

Kalita蛋糕濾杯WDS-155 ＆ 咖啡下壺Jug400

Made in TSUBAME的不鏽鋼濾杯，裝入波紋濾紙後即可使用。其柱狀特性使熱水能夠均勻分布於粉層，萃取出來的咖啡風味穩定。我很推薦用它當作入門的濾杯。下壺的壺口寬廣，清潔起來很方便，大把手則容易拿取。圓潤的外型設計也讓人愛不釋手。

HARIO V60濾杯＆咖啡下壺400橄欖木

這是一款風靡世界的濾杯。一旦抓到訣竅，就能調整自如地萃取出清爽或醇厚的風味。材質和顏色的選擇也很豐富。直徑較大的單孔濾杯，萃取速度也相對較快。我不太能接受淺焙咖啡的苦澀味，因此在使用淺焙豆時，我經常使用這款濾杯。

「不同的濾杯
萃取出的咖啡風味也不同，
然而我認為依外型選購也未嘗不可。」

LOVERAMICS BREWERS

三款濾杯雖然形狀相同，杯壁上相異的肋骨（溝槽）紋路使萃取速度不同，因此可依咖啡豆或隨心情挑選使用。濾杯架（左圖）的內緣附有矽膠，有助增強穩定性，而且還適用於他款濾杯，值得推薦。

HMM Gaze濾杯＆下壺

全玻璃製。濾杯尺寸為1～2 人份，因此內側傾斜度較大。下壺為雙層玻璃，拿取時不會燙手，而是能慢慢感受到咖啡的溫度，這點很得我心。從下壺倒入杯中時最好一口氣倒進去，不然咖啡液容易沿著杯壁流出來。雖然這一點較不方便，不過因為外型實在很可愛，我還是依然愛用。

Cores黃金濾杯C246BK

Cores黃金濾杯上的純金鍍層不易產生化學反應，用它萃取的咖啡能展現咖啡豆純粹的風味和香氣。這款濾杯不需要濾紙，放入咖啡粉就能直接萃取。輕巧且不會摔破，使用起來非常方便。在我家的出場率很高。

Coffee dripper & server
咖啡濾杯＆下壺

ANAheim雙層玻璃燒杯

如同咖啡杯一般，我也喜歡透過咖啡下壺感受溫度，終於找到了這個稍大的雙層玻璃燒杯。雙層玻璃的外側不太會產生水滴，因此常用它來裝冰咖啡。

BLUE BOTTLE COFFEE濾杯

搭配專用的波紋蛋糕型濾紙萃取。這款濾杯的最大特徵是內側有40條突起的細線紋路，而這些突起的紋路能幫助萃取時穩定流速，讓水流不過慢也不過快。這一款為期間限定的設計。我常買BLUE BOTTLE COFFEE的豆子，沖煮時我一定會用這款濾杯萃取。

TORCH咖啡下壺Pitchii

設計雖然簡約，但些微突出的部分有助於目測咖啡液的萃取量。據說會命名為Pitchii，是因為外觀有些形似小鳥。這應該是我家裡現存最老的下壺了，歷久不衰。

珈琲考具濾杯

此為新潟縣燕市生產的咖啡器具。濾杯以全不鏽鋼構成，堅固耐用，清洗起來也十分輕鬆。雖然本體形狀為錐形，但是錐形和梯形的濾紙皆適用。使用梯形濾紙時將兩端穿過濾杯即可貼合。也很適合帶出戶外使用。

濾杯的選購要點

濾杯並沒有所謂「好」或「不好」，只要找到自己使用起來順手的就是最好。

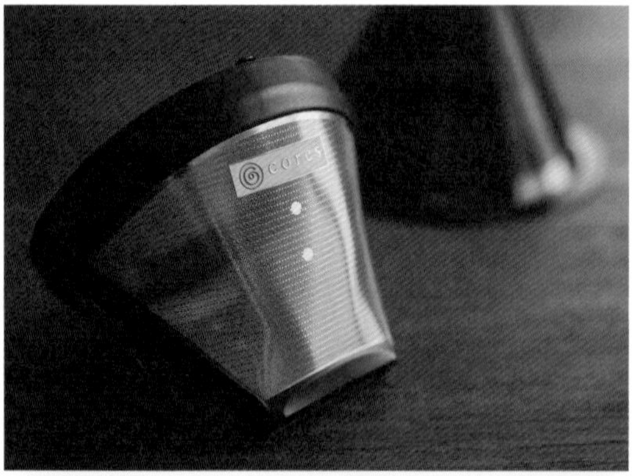

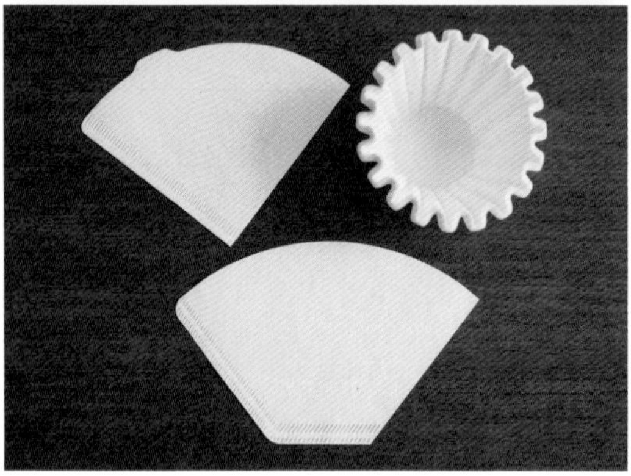

01

金屬濾器或濾紙

使用不同的過濾器材，咖啡風味也會受到影響。金屬濾器的濾杯與濾器一體成形，上面有著細小的孔洞。過濾時保留了咖啡豆的油脂，因此能品嘗到具有醇厚感的咖啡。然而與此同時，細粉也會透過孔洞落入杯中，所以咖啡液會有些混濁，並且入口時會有粉粉的感覺。若想單刀直入地品嘗咖啡的風味，那麼金屬濾器會是個不錯的選擇。

—

另一方面，拋棄式的濾紙則會吸收咖啡豆的油分，也能完全阻隔細粉，因此萃取出的咖啡風味清爽又乾淨。濾紙的種類一般而言可分為梯形、錐形與波紋蛋糕型三種。市面上有各種品牌，而不同的濾紙萃取出的咖啡，風味也會有所不同。此外，使用濾紙的另外一個好處就是整理起來方便又輕鬆。

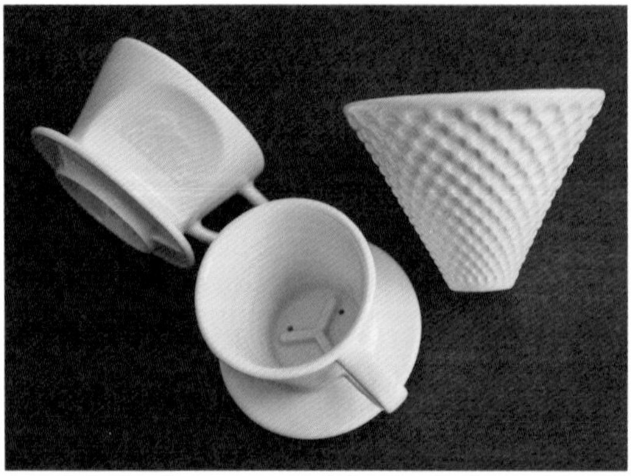

02

濾杯形狀
（錐形、梯形、波紋蛋糕型）

常見的錐形濾杯（右）為直徑較大的單一孔洞，萃取流速較快。波紋蛋糕型濾杯（中）則是熱水較容易均勻分布於粉層，萃取出的咖啡風味穩定。梯形濾杯（左）因為孔洞較小，基本上來說相較於其他濾杯萃取速度較緩慢，沖煮出的咖啡較濃且風味鮮明。萃取的速度越快，能夠萃取出來的風味幅度越廣。

03

孔洞的數量與大小

通常而言，錐形濾杯為單一孔洞，梯形與波紋蛋糕型濾杯的孔洞則可能有1～3個。孔洞越大、數量越多，萃取速度就越快。而萃取速度越快的濾杯，越容易因不同的人沖煮而改變風味。

04

濾杯肋骨

肋骨（溝槽）指的是濾杯內側的凹凸狀紋路。一般而言是作為空氣通道，不同的品牌生產的濾杯，其肋骨的數量、高度與長度等也各有不同。而肋骨也大大影響了萃取速度。順帶一提，金屬濾杯會根據孔洞大小影響萃取速度。而這些光靠目測無法判斷，除了實際動手沖煮之外別無他法。

05

材質

材質影響的部分包含1.是否容易保養、2.用起來是否順手、3.導熱與保溫性是否良好、4.外觀。塑膠及陶瓷材質保養起來較輕鬆，銅製與木製則需要費點心思維護。此外，陶製與玻璃的濾杯會摔破，使用時要慎重小心，而塑膠和金屬濾杯則不僅不會摔破，還很輕巧，使用起來輕鬆方便。此外，導熱好的濾杯溫度穩定，萃取效率佳，但也冷卻較快。因此，還必須兼具良好的保溫性，才能使萃取溫度維持在穩定的水平。

手沖咖啡的基礎萃取法

根據使用的器具及沖煮方式，咖啡的風味也會隨之改變。想要做一杯符合自己喜好的香醇咖啡，首先就從基礎的萃取法學起。

咖啡杯 1 杯份
- 咖啡粉…12g
- 冷水…200ml

馬克杯 1 杯份
- 咖啡粉…15g
- 冷水…250ml

01

濾紙沿邊線摺起，強化接合處，同時也有助貼合濾杯。在摺梯形濾紙時，底邊和側邊一正一反交互摺起。

02

將摺好的濾紙貼合地放入濾杯。

03

淋上熱水，沖洗濾紙。像這樣先預熱濾杯，在萃取時水溫便不易驟降，較能有效萃取出咖啡的成分。

04

倒入咖啡粉，輕敲杯緣使粉層表面平整。推薦比例為6～8g的咖啡粉兌100ml的熱水。咖啡豆的重量會依烘焙程度而異，確實測量較能維持風味穩定。

05

首先淋上適量熱水，大約是能沾濕全部咖啡粉的水量。

06

等待30秒～1分鐘左右，讓熱水悶蒸咖啡粉。此時若粉層開始膨脹並產生氣泡，是咖啡粉在排放二氧化碳的緣故。由於二氧化碳會妨礙咖啡萃取，因此務必要在一開始透過足夠的悶蒸進行排放。順帶一提，深焙的咖啡粉較淺焙易膨脹。

07

由中心向外側以畫圓的方式，分數次注入熱水。為了充分萃取咖啡的成分，要留意讓熱水均勻流經粉層。當集中注水於某一側，另一側就會很難完全萃取。

08

在熱水尚未完全流完時，接著第二次注水。如果等熱水流乾才第二次注水，會使萃取效率變差。相反地，如果在水量還很多時就進行第二次注水，萃取出的咖啡會變淡，須特別留意。

09

接下來就可以自由注水，萃取出所需分量。

10

萃取完成後稍微攪拌，即可注入杯中。壺底與上層的咖啡液味道會完全不同，因此攪拌的動作很重要。

想做一杯更好喝的咖啡時……

影響手沖咖啡風味的因素包含
「咖啡豆的研磨程度」、「萃取時間」、
「咖啡粉與熱水的比例」、
「注水的方式」、「熱水的溫度」。
如果對咖啡的風味有所講究，
可以先從使用咖啡秤開始，
準確地測量咖啡粉和熱水的比例。
一件件把道具收集起來，
穩定地沖煮出自己喜歡的咖啡風味吧。

值得入手的器材與美味萃取的要訣

想要讓咖啡變得更好喝，有幾個重點需要留心。推薦各位試試接下來介紹的方法。

使用磨豆機
調整「粉的粗細度」

現磨的豆子不僅風味佳，香氣更是誘人。咖啡豆一旦磨成粉，與空氣中氧氣接觸的面積變大，變質的速度也跟著加劇。我對咖啡香氣情有獨鍾，因此對我來說，其中的差異特別明顯。如果要講究咖啡風味，那麼就不能沒有磨豆機。而且透過調整粉的粗細，還能輕鬆地控制風味的濃淡。

以咖啡秤精確測量
「重量」和「時間」

漸漸熟悉手沖之後，咖啡秤絕對是好用的器材。只要精確地測量豆子和熱水的重量，就能輕易掌握並控制風味。咖啡秤是繼濾杯和濾紙之後必備的器材。

使用手沖壺
自在地掌握
「注水方式」

一般家用的水壺對手沖咖啡來說並不好用，如果有手沖壺就再方便不過了。專門的手沖壺能輕鬆控制水量和注水位置，手沖起來更容易。這幾年市面上也出現了許多適合用來手沖的快煮壺，一樣很推薦。

堅持特定的
「熱水溫度」

熱水的溫度對咖啡的風味也會有超乎想像的影響。我基本上會使用85～95℃的熱水沖煮咖啡。溫度越低酸味越明顯；溫度越高則容易萃取出苦味。

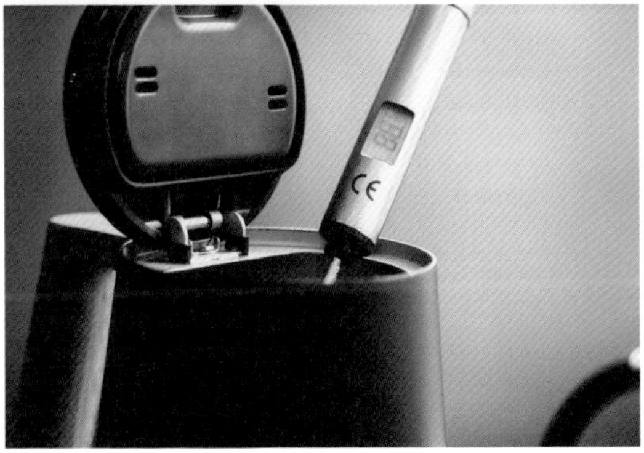

Coffee mill

磨豆機

COMANDANTE

具有最頂級之一稱號的磨豆機。使用稱作「Nitro Blade」的高品質不鏽鋼刀刃，加上穩固的軸心，不僅將搖動時的施力控制在最小的程度，磨出來的粉粒大小也均勻一致。木製質感的手感極佳，手把也很好握。

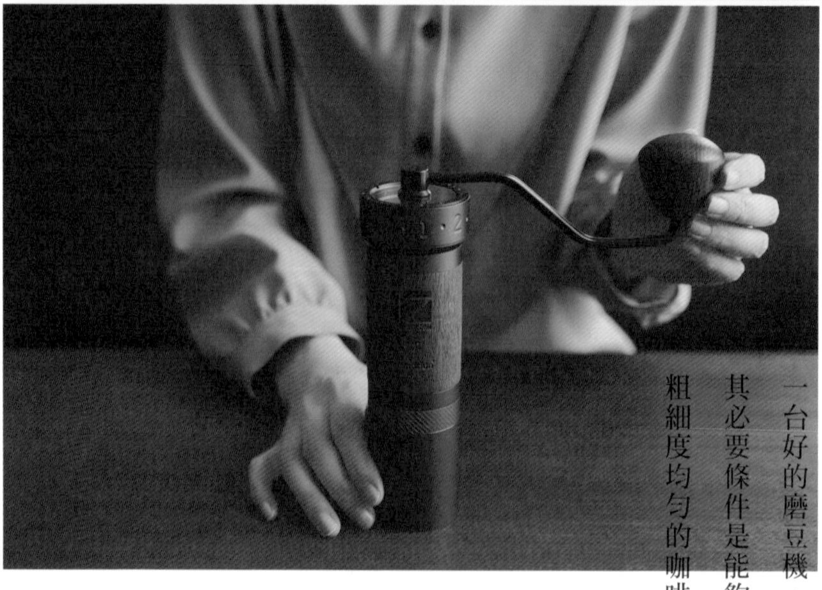

「磨豆機會大幅影響咖啡的風味。一台好的磨豆機，其必要條件是能夠磨出粗細度均勻的咖啡粉。」

1Zpresso JPpro

轉動上方的刻度盤來調整咖啡粉的粗細度。雖為手搖式磨豆機，卻能輕鬆調節粗細度，非常方便。機體偏瘦，握在手上很容易施力，高品質的刀刃與構造像是將咖啡豆一粒粒切碎般磨碎。而且很快就能磨完。

Cafflano Krinder

適用於濃縮咖啡極細研磨的手搖式磨豆機。輕盈的機體材質以合成纖維及矽膠構成，適合帶出戶外。義大利製的金屬刀刃精巧鋒利，磨出來的咖啡粉粗細均一，令人滿意。

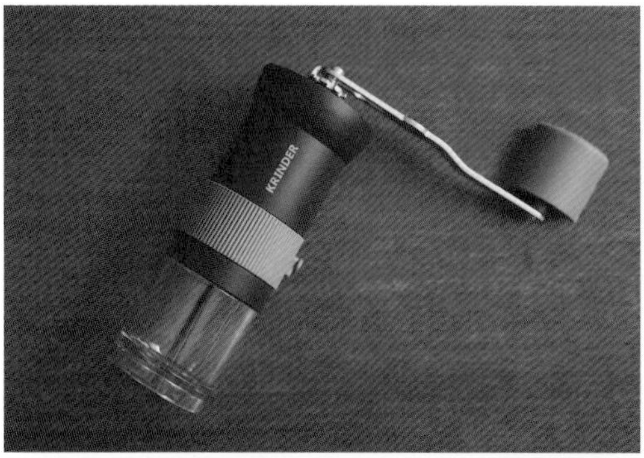

TIMEMORE NANO

最大容量為沖煮一杯咖啡至少必要的15g，手柄為可折疊式設計。除了好攜帶之外，想輕鬆沖煮單杯咖啡時也很實用。機身偏瘦，握在手上好施力，手搖起來也很輕鬆。磨出來的咖啡粉粗細度均勻。不過最深得我心的還是它的設計。

右・BARATZA Sette270wi

我喜歡拿它來研磨濃縮咖啡用的咖啡粉。機身龐大是因為內藏了高性能的電子秤，且具有270段研磨刻度。構造簡單且好懂，因此保養起來也容易，使用上也十分順手。我也很滿意它的設計。

左・Cores CONE GRINDER C330

研磨刻度由粗到細，我拿它來當手沖用的磨豆機。由於尺寸上正好符合，可直接以濾杯接粉，十分方便。一個按鈕就能拆解刀刃，保養起來很簡單，而且刀刃為可替換式，使機體得以延續使用，是其魅力之一。

Drip scale
手沖咖啡秤

TIMEMORE

使用自動模式時，一旦開始注水就會自動計時，手沖完成可以看到花費的時間及注水量，機能十分完善。外型設計簡約帥氣，尺寸也恰到好處。

磨豆機的選購要點

選購磨豆機時，最好從一些基本事項開始考量，如研磨的均勻度及容量，以及要選電動或手搖等，同時評估個人的生活方式，包括使用場合、是否容易保養等條件。

01

手搖或電動

手搖式磨豆機的優勢在於研磨時可以沉浸在咖啡香氣之中，親自研磨的手感也很迷人。同時不需要插電，重量輕、體積小，無論是戶外活動或旅行都能隨身攜帶。此外，光是放在家裡就像擺飾一樣漂亮。而缺點則是費時，還有沖煮多人份的咖啡時磨起豆子來會很累人。

電動磨豆機一鍵就能快速研磨大量咖啡豆，這點是壓倒性的優勢。然而，雖然現在市面上有可攜帶的充電式電動磨豆機，但基本上還是需要電源，而且機體多半較大。磨豆時的機械聲或許也是其劣勢之一。

02

磨豆機的性能與種類

刀刃的材質（金屬製、陶瓷製）

金屬製的刀刃雖然尖銳鋒利，但缺點是容易產生靜電與熱能，並且會殘留金屬味。陶瓷刀刃則由於加工困難，在鋒利度上比不上金屬刀刃，但是卻不易產生靜電和熱能，還能用水清洗，是其優勢之一。然而，目前市面上號稱高性能的高價磨豆機好像大多都還是以金屬製為主。

刀刃的形狀

・螺旋槳式／砍豆式（上）

電動磨豆機的其中一種類型，以像螺旋槳一樣的刀片高速旋轉將咖啡豆砍碎。透過長壓或短壓按鈕調節粗細度。粉粒的粗細均勻度差強人意，也會產生造成雜味的細粉。不過價格好入手，機體也相對輕巧。可以作為磨豆機的入門款。

・圓錐式／錐刀式（右下）

以圓錐狀的鋸齒型刀刃磨碎咖啡豆。大多數的手搖式咖啡機都使用這種刀盤。同時多以低速研磨，以避免生熱。透過調整內側的圓錐刀刃與外側刀盤的間距來調節磨粉的粗細度。在構造上能夠階段性地由粗到細調整研磨度，因此在研磨濃縮咖啡用（極細研磨）的咖啡粉時，經常使用這種刀刃的磨豆機。

・平刀式　（左下）／鬼齒式

咖啡豆在兩片相對旋轉的圓盤型刀刃之間研磨成粉。平刀式刀盤就如同切片一般將豆子磨碎，除了不易生熱之外，也不容易散失香氣。而鬼齒式刀盤的特色則是以輾壓方式將豆子磨碎。

03

軸心的穩定性

這一點主要針對錐刀式磨豆機，軸心若不穩定，那麼刀刃與刀盤之間的空隙大小會不一致，使得粉粒粗細不均。想要磨出粗細均勻的咖啡粉，穩定的軸心是必要條件。一台好的磨豆機不易產生細粉，磨好的咖啡粉粗細均勻性也較高。

04

容量與大小

如果想要帶出戶外使用，那麼小機身會很方便，不過並不是越小就越好。如果買了容量小於自己平時研磨分量的磨豆機，要分好幾次磨的話會很麻煩，但是過大又很佔位置。電動磨豆機的話可能還會有廚房空間的問題，因此選擇符合自己需求的尺寸才是正確之道。

05

使用場合

磨豆機會依使用場合而有不同的最佳選擇，因此最好思考一下自己是想要在廚房使用、戶外使用，或是想在客廳悠閒磨豆。如果只是放在廚房使用，就比較不侷限款式；若是想帶出戶外或在客廳使用，那麼好攜帶的手搖式磨豆機適用的場合廣泛，也許會是不錯的選擇。

06

實用性

實用性包含了機體保養與調節粗細度的方式，手動的話還包含手把旋轉時的順暢度等。不論磨出來的粗細度多麼均勻，要是不好用，使用久了就會嫌麻煩。因為我每天都會用上好幾次磨豆機，實用性對我來說與粗細度的均勻性同等重要。

Drip pot & kettle

手沖壺＆手沖快煮壺

Brewista

注水的順暢性是這支手沖壺的一大特徵。彎彎的握把不僅可愛也好握，注水時不會覺得累。壺嘴不過細也不過粗，恰到好處的尺寸很適合用來手沖。將壺嘴前端確實貼近粉層，輕輕地開始注水。整體的重量也剛剛好。

FELLOW Stagg EKG溫控電子手沖壺

整體設計和實用性如溫控等功能非常出色。保溫時的機械聲響安靜，將水壺拿起來之後60分鐘內放回底座都能自動燒水或保溫。不管傾斜角度多大，注水量都不會失控，操控起來非常容易。

好用功能

有控溫功能的電子手沖壺就是方便，非常推薦。上／Brewista的液晶顯示器。下／FELLOW電子手沖壺顯示溫度的字型很可愛。

「具有控溫功能的電子手沖壺非常方便。能燒水、好注水，還能控溫，實在太優秀了。」

Simple Real TAMAGO 咖啡手沖壺

附在壺蓋上的溫度計，一放入熱水指針就會開始擺動，十分可愛。握把的內側為木製材質，以防導熱燙手。小容量的壺身，適合用來沖煮單杯咖啡或濾掛包。壺嘴偏細，易於調節水量，水柱從其中直直落下，手沖時很順手。在我們家，這支是我女兒的愛用壺。

Kalita 手沖專用壺 KDP-800

壺嘴的精巧設計讓人不禁感嘆「不愧是Kalita」。從頭到尾都能精準控制注水，水柱不過細也不過粗。壺身為霧面質感，手感很好。上蓋開闔以一鍵式按鈕控制。獨樹一格的時髦設計也是一大魅力。

月兔印 Slim系列手沖壺

這是我最早購買的手沖壺。琺瑯製材質保養起來很輕鬆。外觀經典，用起來也順手，而且又漂亮。容量為1.2L，因此拿起來不輕，需要稍加練習才能有效控制水柱，不過仍是一只我愛用多年的壺。

手沖壺的選購要點

首先，「對自己來說有多順手」是第一個考量要素。重點是壺嘴和拿起來的手感。再來，如果有控溫功能就更方便了。

01
壺嘴

細的壺嘴在控制水量方面較容易。進行點滴式萃取時，選擇細壺嘴的手沖壺較好。然而，一次萃取多杯（4杯以上）時，如果只能以細細的水柱萃取，不僅費時，也會使咖啡帶澀味和雜味。另一方面，粗的壺嘴在調節水量方面的幅度較大，雖然適用各種萃取器具，但是以細水柱萃取時難度較高。此外，壺嘴前端的形狀也會影響注水的順暢度。

02
握把

握把對注水的順暢度來說也是十分重要的因素。注水量和水柱落下的位置取決於手沖壺傾斜的角度，而這大多仰賴握把來控制。握把在「造型」「材質」「設計」上千奇百樣。我個人喜歡大而穩固的握把，這樣就算壺裡裝滿水也不會因為過重或太燙而弄痛手。

03
材質

手沖壺一般而言會使用防鏽性高又容易保養的不鏽鋼材質。然而，銅製的手沖壺雖然會因為氧化反應等產生綠繡，但是如果費點心思保養並珍惜使用，感受其經年累月的變化也是一種樂趣。琺瑯材質的好處則是不易沾附污漬與味道，不過由於在製造上不易成形，琺瑯手沖壺多半是大壺嘴。而外觀上則常見圓潤可愛的設計，顏色的選擇也很豐富。

04
容量

使用濾掛包時，只需要200～300ml的熱水就足夠；平時如果每次僅煮1～2杯，那麼頂多也只要500～700ml即可。製作3杯以上時，則最好能有800ml以上的容量。小型的手沖壺輕巧好拿，繞圈注水時也能較精確地控制水量，但是如果容量太小，萃取到一半可能會需要補水，因此選擇手沖壺時，容量要符合自己的沖煮量才是上策。

05
有蓋或無蓋

手沖壺分為有蓋和無蓋。我個人覺得無蓋的手沖壺用起來比較順手，不過有蓋的話熱水較不易快速降溫。兩者各有千秋，因此要依照自己的使用習慣選擇。

06
測溫功能

熱水的溫度會影響咖啡的風味。因此，附溫度計的手沖壺用起來會非常方便。特別是近年市面上推出了許多可控溫的電子手沖壺，我也非常推薦。如果手沖壺沒有附溫度計，那就要另外用溫度計測量熱水的溫度。溫度計有分數位式與指針式，有些會直接附在手沖壺的蓋子上。

07
設計

依我來說的話 —— 一定是優先以自己偏愛的設計來選購手沖壺。在選咖啡器具時，「設計」是我考量的絕對項目。因為對我來說，抱持著愉悅的心情沖煮咖啡比什麼都重要。

08
一般壺或快煮壺

手沖快煮壺可以直火將水燒開，然後直接開始手沖，而一般手沖壺則是先用其他器具燒水，再倒入壺中進行手沖。也就是說，一般手沖壺無法燒水，會多一道「倒水」的手續，而可直火的手沖壺則沒有這種問題，而且平時燒水也能使用。另外還有一種壺嘴細長的手沖電熱水壺，如果再加上可控溫功能，就再方便不過了。

想喝咖啡歐蕾的時候

冬天時，咖啡歐蕾的出場率增加許多。
順道一提，咖啡歐蕾是手沖咖啡兌上牛奶；
咖啡拿鐵則是義式濃縮咖啡與牛奶。
總而言之，都是咖啡牛乳。

拿鐵固然好喝，
但是我最喜歡的還是咖啡歐蕾，
因為那是我從小習慣的味道。

咖啡歐蕾的沖煮方式

以手沖咖啡兌上牛奶製作的咖啡歐蕾。我個人喜歡用偏多的牛奶，加進濃郁的手沖咖啡裡。

1杯份
- 咖啡粉…15g
- 牛奶…150ml
- 熱水…100ml

01

將牛奶加熱。

02

將咖啡粉放入濾杯中，按照「手沖咖啡的基礎萃取法」（P58-59）的步驟進行手沖。我在製作咖啡歐蕾時大都使用深焙的咖啡豆，不過這僅是個人喜好。為了讓風味濃郁一些，我會將咖啡粉磨得細一點。

03

注入30ml的熱水悶蒸30秒左右，剩下的熱水分三次慢慢注水。我個人大都以20ml→30ml→20ml的水量為基準。

04

每次一定都要等到濾杯中的水量變少再繼續下一次注水。如果喜歡奶味重一點，那麼就不要分太多次注水。或是用加熱好的牛奶直接取代熱水手沖也可以。

05

將牛奶加入咖啡裡就完成了。

用來沖煮咖啡的各式器具

就算時間再緊、再忙，
我都還是想在家裡喝一杯美味咖啡。
此時比起手沖，
運用一些省時省力的器具會方便得多。
這些器具多半設計精緻，
最棒的是可以玩不同的沖煮方式，
讓人想一試再試。

SteepShot

放入咖啡粉和熱水靜待一下，轉動蓋子咖啡就會「噗哧」地流出。用「噗哧」來形容並不誇張，因為瓶中蒸氣的壓力，會讓咖啡一口氣流出來。用此萃取出來的咖啡風味簡單而穩定，適合帶出戶外使用。

左上／濾器的構成零件。右上／在杯體中裝入咖啡粉。左下／倒入熱水，蓋上蓋子，等候30秒～1分鐘。右下／倒置並旋轉蓋子即可萃取出咖啡。

「靜下心來慢慢地沉浸在手沖的氛圍中固然很棒，
但是能夠輕輕鬆鬆製作一杯風味穩定又好喝的咖啡，
也是一件十分誘人的事。」

法式濾壓壺

法式濾壓壺的特色是萃取方式極為簡單，任誰都能做出相同的風味。由於咖啡豆的油脂也會一併萃取出來，因此可以充分品飲到咖啡的味道。至於缺點的部分則是保養清潔較為麻煩，還有萃取出的咖啡液會帶有細粉。

上／在咖啡粉中注入熱水，等候4分鐘。下／壓下濾網壓桿即完成。

AeroPress®

愛樂壓的機制是運用空氣壓力，在短時間內萃取出咖啡。用它萃取出的咖啡風味介於法式濾壓壺和手沖萃取之間。恰到好處的厚度與味道令我著迷。許多人喜歡將它帶到戶外使用。可以直接放在杯子上萃取。

上／裝入咖啡粉，倒入熱水，攪拌後等待30秒～1分鐘。下／放到接取的容器上，用力一壓，萃取出咖啡液。

Coffee utensils

咖啡器具

DELTER COFFEE PRESS

這個器具的機制是藉由將熱水壓進咖啡粉裡萃取出咖啡液。雖然看起來類似愛樂壓，但其實比較接近手沖的原理。杯體上附有刻度，因此只需要測量好咖啡的粉量即可，萃取時就不需要咖啡秤了。一旦熟悉了，用起來會非常順手，我自己就很常拿來使用。

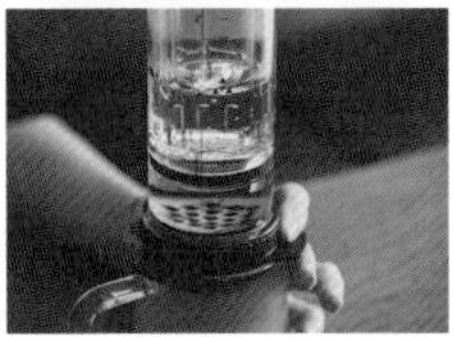

上／裝入咖啡粉。下／像針筒一樣的杯體，將內層活塞拉起後熱水會集中到下方，往下一壓，熱水就會流進咖啡粉中。

聰明濾杯

以浸泡式萃取為原理的濾杯，因此一樣是任誰都能沖煮出相同的味道。由於會裝濾紙，咖啡液中不會殘留細粉，風味清爽乾淨。清洗方式與一般濾杯一樣輕鬆又方便。

上／裝入濾紙，倒入咖啡粉和熱水，等候4分鐘。下／將濾杯放在下壺上，讓咖啡液自然滴落。

在家也想喝義式濃縮咖啡

想喝一杯與平時不一樣的咖啡，
藉此轉換心情——萌生這種念頭時，
義式濃縮就是個不錯的選擇。
不論是用摩卡壺沖煮，
或是用義式咖啡機做的正統濃縮咖啡，
在家玩義式濃縮的時光格外特別。

Espresso maker

義式濃縮咖啡機

「一旦會製作濃縮咖啡，就能為咖啡飲品拓展出更多變化，試著在家玩玩看義式濃縮吧！」

Flair PRO2

機身輕巧，萃取出來的濃縮咖啡卻像頂尖咖啡師做的一樣專業。一旦抓到要訣，掌握好咖啡粉的粗細度及粉量，就能喝到一杯風味極致的濃縮咖啡。總而言之，這就是一台讓咖啡愛好者神魂顛倒的器具。

ALESSI MOKA

直火式義式濃縮咖啡機。鋁製的機體相較於不鏽鋼製，能做出豐郁醇厚的風味。我特別喜歡它的設計，包含其灰色的握把，以及帶有可愛感的直線式外型等等。喜歡到我每天都想用它來煮咖啡。

Bialetti Brikka

Bialetti原本就以摩卡壺聞名，而這款的特殊加壓限流閥設計，運用了人為方式製作出咖啡脂（crema）。在壺裡填好粉、裝好水，接著只要以小火加熱，萃取好的咖啡就會隨著「噗哧噗哧」的聲音吸向上壺。光是使用起來就令人愉悅，因此也是我心愛的器具之一。

ROK EspressoGC

只有少少幾樣零件，清潔保養起來很容易。簡單的使用方式，讓人可以每天早上起床，就用它來煮一杯美味的義式濃縮。講究細節的機身造型，看起來非常時髦。同品牌（ROK）還有推出咖啡研磨器（磨豆機），用手搖就能磨出極細又綿密的咖啡粉，我也非常推薦。

用摩卡壺煮咖啡

在義大利，每個家庭幾乎都有一只摩卡壺。
一開始使用起來可能會有些困惑，
不過其實用它來煮咖啡不僅很簡單，清潔保養也很輕鬆。

01

使用原廠附的量杯測量水量。

02

將水倒入下壺。

03

填入咖啡粉。要特別注意的是，咖啡粉的粗細度不能和義式濃縮一樣細，否則會無法萃取；但是又比手沖的咖啡粉要細許多，因此要仔細拿捏。填粉時也請勿壓實，否則熱水會上不來。只要輕輕填入再刮平即可。

粉杯的杯緣如果沾有殘粉，萃取時空氣會跑掉，因此要將杯緣上的粉擦乾淨，再將粉杯裝入下壺，這點請注意。

04

將下壺與上壺組裝起來。確實拴緊，留意不要讓空氣從縫隙跑掉。

05

將摩卡壺放到爐上加熱。將火侯控制在小火，火苗要小於壺底面積。
※一開始還用不習慣時，建議先在廚房操作。

06

咖啡萃取完成後即可關火，倒入杯中享用。加熱時咖啡液會蒸散不少，因此萃取時最好將蓋子蓋上。

\ My favorite item /

它的操作機制是必須要按住按鈕才會運作，使用時需要一些訣竅，靠自己多方嘗試也是一種樂趣。

入口後滑順的奶泡口感極佳。在家就能簡單地為自己做一杯拿鐵，實在很幸福。

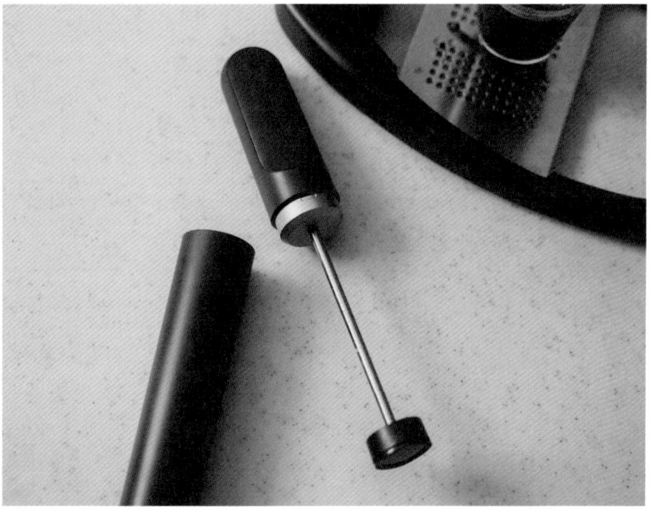

Nano Foamer

這支奶泡棒能做出令人驚豔的滑順奶泡，細緻的程度甚至能夠做拉花。就算不拉花，還是可以用它來製作奶香濃郁的美味奶泡。機身防水，可以整支用水清洗。這種奶泡棒在使用時，牛奶容易四濺，可以整支水洗真的很方便。

香醇的濃縮咖啡還可以這樣變化……

學會製作好喝的濃縮咖啡之後，就可以嘗試用它來製作各種咖啡飲品，樂趣十足。濃縮咖啡風味濃郁，所以即便加了其他風味，還是可以很鮮明地喝到咖啡的味道。

黑糖拿鐵

溫和的甜味和帶焦香的脆糖表層，喝起來就像在吃甜點一樣。炙烤焦糖的過程有點費力，不過如果家裡有噴槍，推薦各位一定要嘗試看看，成品的味道一定會讓你露出心滿意足的笑容。

材料與作法

用奶泡棒等器具將200ml溫熱的牛奶打發。在1小匙的黑糖中加入60ml濃縮咖啡，再注入打發的牛奶。表面撒上滿滿的黑糖，用噴槍炙烤到焦脆。

咖啡蘇打

夏天時我都會在外面的咖啡館點這個來喝，然而在家的話，則不論夏天或冬天，我都經常自己做來喝。吃披薩、炸薯條或鹹的零食時都少不了碳酸飲料，而濃縮咖啡蘇打就是我用來搭餐的好選擇。

材料與作法

在裝滿冰塊的玻璃杯中加入60～70ml的氣泡水（其實我都憑感覺適量添加）。加入1大匙檸檬汁、1大匙糖漿，再一口氣注入約30ml剛萃取好的濃縮咖啡。充分攪拌均勻，就可以暢快享用了。

抹茶咖啡拿鐵

其實我也超愛抹茶。加了濃縮咖啡的抹茶拿鐵，使抹茶的風味中帶有一絲咖啡的苦味。我稍微加重了濃縮咖啡的分量，喝完一杯之後身心都大滿足。

材料與作法

將1小匙的抹茶粉、1小匙的煉乳、150ml溫熱的牛奶及30～60ml（分量可依喜好調整）的濃縮咖啡倒入容器裡攪拌均勻。抹茶粉不容易完全溶解，因此我會用奶泡棒來攪拌。濃縮咖啡也可以等攪拌均勻再加進去。如果特愛抹茶，最後可以在表面撒上滿滿的抹茶粉。

摩卡咖啡

經過多方嘗試，如果要搭配巧克力就必須用濃縮咖啡，否則咖啡的味道會被蓋過。所以摩卡咖啡是只在有做濃縮咖啡時才能喝到的珍貴品項。巧克力的分量可依心情調整。

材料與作法

將30ml剛萃取好的濃縮咖啡淋在巧克力（分量可依喜好決定，我通常是加兩小片左右）上，攪拌均勻。倒入150ml溫熱的牛奶，最後擺上棉花糖，再撒上可可粉。我推薦使用可可含量高的巧克力，甜度則用棉花糖來調整。巧克力的風味和半融化的棉花糖真是絕配！

咖啡焦糖布丁

對我來說，布丁是最簡單的一道甜點。將雞蛋、牛奶、砂糖混合均勻再拿去蒸就好了。因此我推薦所有咖啡愛好者，一定要試試看這道咖啡焦糖布丁。入口的瞬間，咖啡香氣便在口中輕柔地飄散開來。

材料與作法（2個）

將1大匙的濃縮咖啡和1大匙的砂糖放入鍋中煮成焦糖。用500W的微波爐以1分20秒加熱140ml的牛奶。在調理盆中加入1顆雞蛋及1大匙的砂糖充分攪勻，分數次慢慢加入溫熱的牛奶，同時一邊攪拌。在布丁模中依序加入焦糖、布丁液，放入蒸籠裡以極小火蒸12分鐘，表面凝固即完成。放入冰箱冷藏，冰冰地享用。

大熱天的冰咖啡

當我開始在家做冷泡咖啡時，
就代表夏天的腳步接近了。
在潮濕又熱到要融化的酷暑日，
只要喝了冰涼涼的冰咖啡，
整個人就神清氣爽了起來。
而光是冰咖啡，
就有各式各樣的沖煮方式。
風味也各有不同。

冰咖啡的沖泡法

使用冰鎮式萃取的冰咖啡，保留了咖啡剛煮好時的香氣和風味。另一方面，冷泡咖啡雖然花時間，卻擁有獨特的圓潤風味。

冰鎮式

這個方法是將萃取出的咖啡用冰塊冰鎮，可以先在下壺裡裝滿冰塊後手沖滴濾萃取，也可以等萃取好之後再倒入裝滿冰塊的玻璃杯。

玻璃杯 1 杯份

- 咖啡粉…15g
  （中度研磨）
- 熱水…120ml
- 冰塊…90～120g

01

在下壺中裝滿冰塊。建議使用清透的塊狀冰塊，不僅味道較好，裝杯也漂亮。而且不容易融冰，因此咖啡味道不會變得過淡。

02

在濾杯中倒入咖啡粉並鋪平。咖啡粉磨得越細，萃取出的咖啡越濃郁，可依此原理調節粗細度。考量到冰塊會稀釋咖啡的味道，因此我偏好濃一點。做冰咖啡用的咖啡粉，無論深、淺焙我都喜歡。

03

注入30ml的熱水，悶蒸30秒～1分鐘，直到粉層停止膨脹再繼續注水。製作冰咖啡時我會稍微拉長悶蒸時間。從中心開始漩渦狀往外畫圓，慢慢注入30ml的熱水，在水尚未滴完之前再均勻注入40ml的熱水。深焙的咖啡粉會明顯膨脹起來，此時為了能夠均勻萃取粉層，只要朝中心注水即可。

04

最後將20ml的熱水朝中心注入，拿起濾杯輕輕繞圈，讓熱水均勻通過粉層，完全滴濾至下壺即完成。夏天就是要喝冰咖啡才過癮。

也可以這樣萃取

想要萃取出味道濃郁的咖啡，也可以使用法式濾壓壺或浸泡式聰明濾杯（請參照P73-75）。將剛萃取好的咖啡一口氣倒入裝滿冰塊的下壺或玻璃杯中。

浸泡式

將咖啡粉用水浸泡製成的冷泡咖啡，就算沒有附濾網的專門器具，一樣能簡單製作。

約500ml
・咖啡粉…40g
・冷水…500ml

01

將咖啡粉倒入瓶中，接著注入冷水。我使用的是IKEA的玻璃瓶。咖啡粉的粗細度為中等～中等偏粗。

02

輕輕攪拌，放入冰箱冷藏8～12小時。

03

用濾紙過濾咖啡液。

04

過濾好的冷泡咖啡風味圓潤美味。因為已經是冰的了，喝的時候杯中只要加少量冰塊即可。

也可以這樣萃取

使用咖樂迪（KALDI）賣的冷泡咖啡專用袋或茶袋也可以。將咖啡粉裝入袋中，倒入水浸泡，一樣冷藏8小時左右即可。事先將咖啡粉裝袋浸泡而成的冷泡咖啡，風味圓潤無殘粉，喝起來很清爽。

滴濾式

用冷水緩慢地以點滴式滴濾而成。這個方法需要專門的咖啡器具，萃取出來的咖啡風味圓潤乾淨。

01

咖啡粉裝入粉杯中。若使用BRRREWER的話，要先將沾濕的專用濾紙放入杯底。

02

注入足以沾濕整杯咖啡粉的水，整平粉層表面。上方再擺上一片沾濕的專用濾紙。這麼做能讓水均勻的通過咖啡粉。

03

裝入水之後只需要等待即可。天氣炎熱時也可以加點冰塊。

04

約5小時左右
滴濾完成！

使用的器具

BRRREWER

萃取時，粉杯上下分別會裝一片濾紙，是這個器具的特色。濾紙可以長期重複使用，非常方便。可以自行調節水量，沖泡出自己喜歡的風味。機身外觀時髦之外，使用起來簡單順手也是一大魅力。

冰咖啡歐蕾的幸福時光

一到炎熱的季節，
總是特別想喝一杯裝滿冰塊、
冰冰涼涼的咖啡歐蕾。
我喜歡用它來配蜂蜜吐司、
甜甜圈、紅豆麵包等質樸的點心，
總讓我一喝就停不下來了。

冰咖啡歐蕾的作法

即便使用同一種咖啡豆，改變萃取方式就能做出全然不同的味道。嘗試不同的作法，找出自己喜歡的風味吧！

滴濾式

用手沖咖啡製作的咖啡歐蕾。由於冰塊和牛奶會稀釋掉咖啡的味道，因此萃取的咖啡必須要很濃郁。

玻璃杯 1 杯份

- 咖啡粉…17g
- 牛奶…100ml
- 熱水…80ml
- 冰塊…適量

01

下壺裡裝入足量的冰塊，倒入牛奶。此時咖啡粉的粗細度應較平常手沖時更細，屬於中等偏細的研磨度。

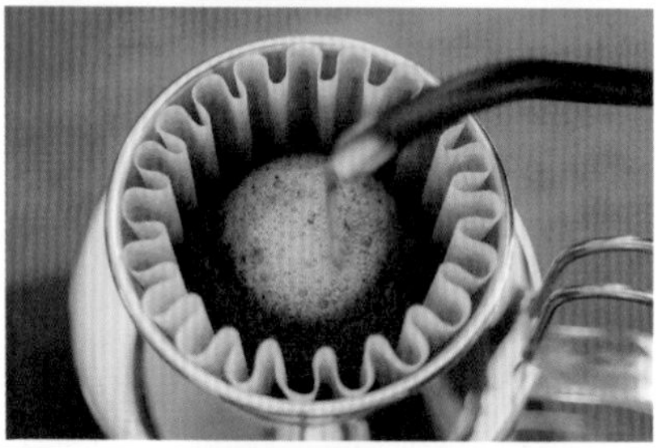

02

將裝好咖啡粉的濾杯放到下壺上。注入能沾濕整杯咖啡粉的水量（約92℃／30ml）悶蒸30秒。分數次注入總計80ml的熱水，注水時由中心向外畫圓，等杯中的水減少後再繼續注水，反覆數次。從悶蒸完到萃取完成的時間約1分30秒～2分鐘。

03

攪拌均勻即完成。

浸泡萃取式

用冰牛奶浸泡萃取而成，味道十分溫和圓潤的咖啡牛乳。

玻璃杯 1～2 杯份

- 咖啡粉…20g
- 牛奶…300ml

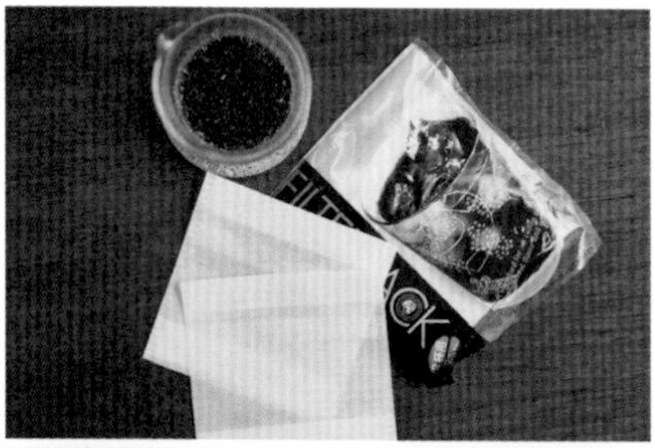

01

在咖啡濾袋（或茶袋）中裝入咖啡粉。我使用的是咖樂迪的冷泡咖啡濾袋。利用這種萃取方式時，我多半使用帶果香的咖啡豆。研磨粗細度則依個人偏好決定（我使用粗研磨）。

02

接著只要注入牛奶即可。蓋緊瓶蓋，放入冰箱冷藏8～12小時就完成了。

在戶外玩咖啡

在家裡玩咖啡固然有趣，
但在空氣新鮮和微風徐徐下喝咖啡，
又是另外一種風情。
說到在戶外玩咖啡，
我還只是個新手，
在嘗試各種器材時，
每次都會有新發現。

Outdoor coffee utensils

戶外咖啡器具

「雖然我喜歡賴在家，但是在戶外喝咖啡總讓我覺得格外美味。這也是一年僅能享受到幾次的寶貴樂趣。」

oceanrich G1※

無線的充電式磨豆機，帶到任何地方都可以使用。只需按下按鈕，磨好會自動停止。帶著孩子一起戶外活動時總是手忙腳亂，有了它太方便了。

HARIO SMART-G

經典款的陶瓷刀盤磨豆機。機身輕巧好攜帶，磨起來也很順手省力。接粉杯附刻度，帶到戶外用再適合不過了。

Trangia水壺

受可愛外觀吸引而買下這支Trangia的水壺。不僅造型經典，當然也很好用。

sosogu_

將煮水壺裝上這個壺嘴之後，就變成了手沖壺。我用的是適用於Trangia水壺的壺嘴，其他還有對應其他水壺尺寸的壺嘴。有了這個就不需要另外攜帶手沖壺，真的太方便了。重點是注水也十分順手。

Cafflano Klassic

這一整組包含了磨豆機、濾杯及杯子。很適合想盡量縮減行李，但同時又不想妥協不帶磨豆機的人。

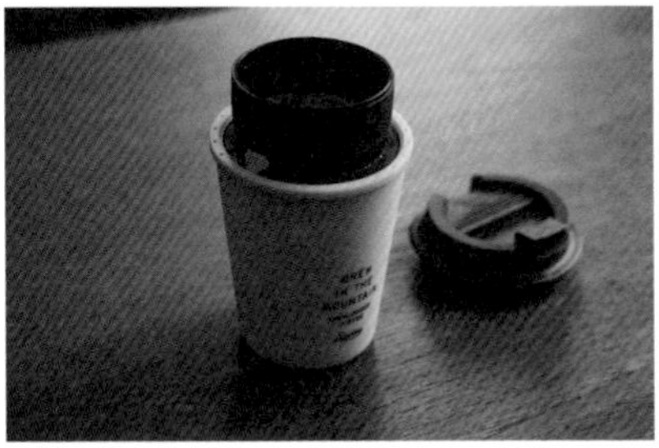

RIVERS Wallmug Sleek & Micro Coffee Dripper

霧面質感的隨行杯，杯身材質為聚丙烯。把隨行濾杯和隨行杯組裝在一起，就可以開始手沖。濾杯為不鏽鋼網構成。

※oceanrich G1已停止販售，由後續機種G2取代。

part. 4

選豆、特調咖啡、餐搭料理食譜

如何選豆

即便不同的萃取方式會影響風味，
但是決定咖啡風味的最大要素，
還是在於咖啡豆的新鮮度。
品質佳的咖啡豆指的是新鮮
且烘焙得當的豆子。
當然還必須帶有自己喜愛的風味。
說到頭來，自己喜歡的咖啡，
無疑就是最好的咖啡。

挑選適合自己的咖啡豆

對於風味偏好人各有異，
咖啡也是一樣。
想要學會選豆，
要先從發掘自己喜歡怎樣的咖啡豆開始，
一步步嘗試。

喜歡「淺焙」嗎……

大多數的咖啡店，應該都會以「淺焙」，或「中焙～深焙」路線為主要區分。簡單來說，淺焙就是酸味鮮明的咖啡，而深焙則是苦味鮮明的咖啡。在日本，似乎不能接受淺焙的人佔多數。
然而，深焙也會因烘焙器材不同而風味大相逕庭。若喜歡極深烘焙的豆子，通常只能到以深焙為主的店家購買。即便有些以淺焙為主的咖啡店也會販售深焙豆，但是相較於一般的標準，「淺焙路線咖啡店的深焙豆」通常都偏淺。

還是「深焙」呢…

不同產地的咖啡豆風味確實不同，但我會先從自己今天想喝深焙或淺焙來決定要去哪一間店。
雖然我基本上多半喝淺焙，但還是會有很想喝深焙或中焙的時候。所以我通常會看心情平均儲豆，淺中深都喝。由於我喝的量不少，很容易會對味道生膩。所以我每一種烘焙度的豆子都會買。

買咖啡豆

若想從風味選豆，還是推薦到專門的咖啡店購買。

接下來為各位介紹我自己挑選咖啡店的基準。

01

咖啡豆的資訊

一間好喝的咖啡店，通常大多會對豆子的資訊有詳盡的介紹（針對單品咖啡）。例如莊園和生產者的名稱等等。然而，雖然我記得產地的名稱，但是其實記不了所有莊園的名稱。所以我不會看莊園選豆，而是看莊園使用的豆子，參考他們提供的詳細資訊。

02

烘焙日

新鮮度對咖啡豆來說就像命一般重要。不新鮮的咖啡，無論香氣或風味都很乏味。不小心擺太久的咖啡，不僅風味變差，香氣也會有明顯的變化。因此我會為自己訂下在烘焙日後20天內喝完的目標。所以有印上烘焙日的咖啡豆，就能幫助我明確掌握鮮度。

「現在除了咖啡店之外，也可以在網路上購買咖啡豆。可以從社群媒體或雜誌找到提供寄送服務的咖啡店資訊。」

PostCoffee

先用咖啡診斷分析自己的喜好，就能用定期訂閱的方式等咖啡豆寄來家裡。除了有販售日本國內人氣烘焙師的豆子之外，還能買到海外知名烘焙師的豆子。採用訂閱制不需要每次下單，時間到了就會寄到家裡，方便的程度超乎想像。https://postcoffee.co/

FILTER SUPPLY

我第一次點特調綜合咖啡來喝，就是在這一間咖啡店。一杯杯仔細沖煮的咖啡除了好喝之外，似乎與我的味覺特別合拍。玻璃瓶包裝也令人耳目一新，除了自用之外也很適合當作禮物。https://hifiltersupply.stores.jp/

TOKADO COFFEE

這間店可以說是我迷上咖啡的起點。平衡感佳的咖啡眾多，每一支風味都穩定而美味，想喝深焙豆時，第一個浮現的就是這裡。我多半在這裡買做義式濃縮用的咖啡豆。https://tokado-coffee.shop-pro.jp/

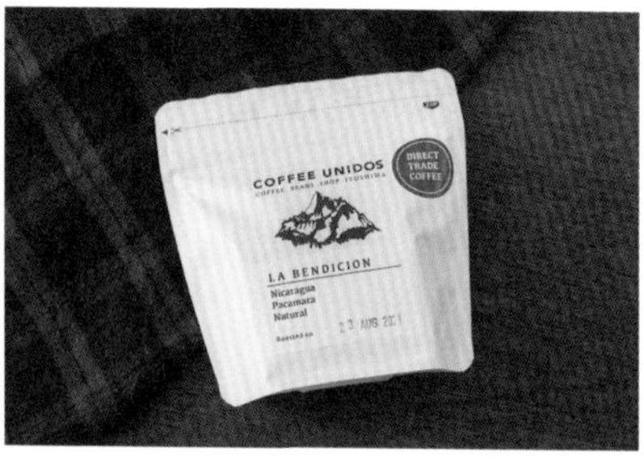

COFFEE UNIDOS

這是一間位在福岡．絲島的咖啡店。我愛去的咖啡店（COFFEE&CAKE STAND LULU）也使用這間咖啡店的豆子。此外，過去我曾經限量販售過自己特調的中焙綜合豆，裡面也使用了他們的豆子。每一支咖啡豆品質都很穩定又好喝。http://tanacafe.jp/

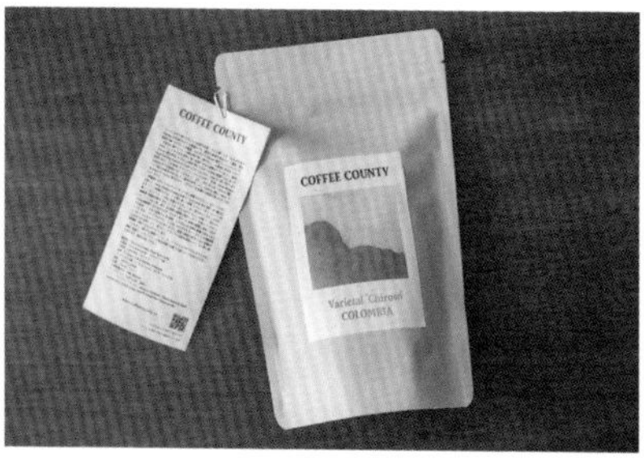

COFFEE COUNTY

這裡是讓我愛上淺焙咖啡的咖啡店。每一支咖啡豆都美味地無可挑剔，而且還常常會喝到令人驚豔的咖啡。這裡也是一提到淺焙咖啡，我直覺就會聯想到的一間店。https://coffeecounty.cc/

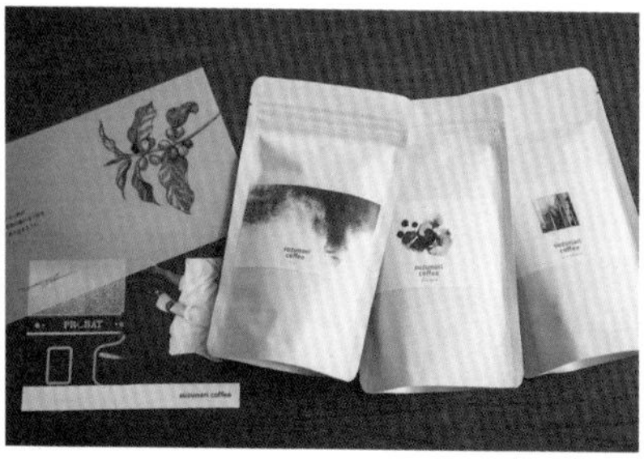

suzunari coffee

無意間在社群網站看到，隨手訂了之後，寄到家裡的咖啡，不僅包裝和外盒都精緻漂亮，就連咖啡的風味也正好符合我的喜好，非常好喝。我喜歡他們偏淺的咖啡。用來送禮也十分適合。https://shop.suzunaricoffee.com/

其他各式各樣的咖啡

許多咖啡店或咖啡品牌
也都有販售簡便的即溶咖啡和濾掛包。
總是有些日子會想要豪不費力地喝一杯美味咖啡。

BLUE BOTTLE COFFEE NOLA BASE

能重現店家風味的咖啡濃縮液，用牛奶稀釋就能喝到美味的咖啡牛乳，放在家裡真的會讓人忍不住拿來用。

LULU濾掛包

家裡備有愛店或心愛品牌的濾掛包，就能在無論如何都想快速簡單喝一杯咖啡時派上用場。加上包裝又可愛就會令人格外開心。

Nestlé STARBUCKS® Premium Mix

經典的星巴克拿鐵系列條狀咖啡包，沖出來的甜味恰到好處，許多口味我都很喜歡。用熱水沖開就能享受一杯摩卡咖啡或拿鐵咖啡，十分方便好用。

「除了美味之外，
如果還有可愛的包裝，
就會讓人心情格外愉悅。
偶爾能讓自己
輕鬆地喝杯咖啡也不錯。」

TAKAMURA COFFEE ROASTERS
低咖啡因濾掛包

平時我不太喝低咖啡因咖啡，要是買了這類豆子通常都會放過期。所以濾掛包正好很適合我。風味品質佳的咖啡店烘出來的低咖啡因咖啡，果然也一樣很好喝。

BLUE BOTTLE COFFEE
即溶咖啡

BLUE BOTTLE COFFEE的即溶咖啡，味道卻一點也不像即溶咖啡。沖入熱水立即融化成一杯好喝的咖啡。我也會拿它來送給平時沒有手沖咖啡習慣的友人。

DEAN & DELUCA
Early Bird冰咖啡

難得一見的淺焙咖啡濃縮液。一般提到濃縮咖啡液，印象中都是以深焙為主。這也可以當作拜訪喜歡淺焙咖啡友人時的伴手禮。

KEY COFFEE冷泡咖啡

我用這個第一次做了冷泡咖啡。與其買瓶裝咖啡，不如用這個做冷泡咖啡會好喝許多。外包裝內還分成小包裝，使用起來很方便。

越南咖啡

簡單快速就能沖好的越南即溶咖啡。正統的越南咖啡其特色是必須慢慢萃取，而無論如何都想快一點時，一樣能靠這個享受一杯濃郁香甜的越式風味。

如何讓咖啡豆保持新鮮

只要稍微留意一下咖啡豆的保存方式，就能讓天天在喝的咖啡變得更美味。在能力所及範圍內好好地保存咖啡豆吧。

01

遮光

影響咖啡豆保存條件的有：光線、水分、氧氣及溫度四大要素。其中紫外線會對咖啡的色調及風味造成影響。日光燈即便不似太陽光直射般嚴重，但也會加速咖啡豆劣化，因此不管哪一種，最好都盡量避免光線照射。

03

常溫或冷藏

咖啡豆在高溫處較容易劣化，放在陰暗處保存才是上策。不過從冰箱或冷凍庫拿進拿出也容易有潮濕問題。烘焙好的熟豆水分約佔3%。一旦潮濕，水分含量就會提升，如果反覆受潮，咖啡豆會加速劣化。如果要冷藏保存，最好的方法是按每次使用量，分裝成小份再密封起來。

02

密封

用密封容器保存，避免接觸氧氣也是一大重點。此外，相較於咖啡豆，咖啡粉接觸空氣的面積更大，因此接觸氧氣造成的劣化程度會更快。如果會介意，選購咖啡豆還是會比咖啡粉來得好。

實際上的折衷做法…

前述雖然是對保持咖啡豆新鮮度而言必要的條件，不過要做到什麼程度還是因人而異。我的話基本上是在常溫下密封保存，一次買較多時才會整包直接密封再冷凍起來。雖然從冷凍取出的當下會受潮，不過也無可奈何，拿出來之後我就會放在常溫下保存，直到喝完為止。

此外，我也特別重視保存容器的選擇，畢竟每天都在用，一定要順手才行。由於我每天會沖好幾次咖啡，開闔順手及容易清洗的保存容器最實用。而且因為我會買各種豆子，備有各種尺寸的容器對我來說也非常方便。

CB JAPAN

琺瑯材質好用又方便清洗。上蓋附有橡膠墊圈，雖然無法達到完全密封，不過仍然具有一定程度的密封性，開闔也不費力。除此之外，小巧的尺寸不僅方便收納，造型設計也很可愛。

KINTO

軟木塞材質的上蓋密封時需要確實壓緊。雖然說咖啡豆要盡量避免光線照射，不過可以一目了然還剩多少豆子實在很方便。咖啡豆從外面透視起來很誘人，所以我還是對這個容器愛不釋手。

我也會重複利用過去從咖啡店購入、可遮光的玻璃瓶。

如果店家使用可密封包裝袋的話，我會直接用原包裝袋保存。

轉換心情的特調咖啡

天氣冷的時候，
會想喝一杯濃郁香甜的咖啡；
汗流浹背的炎熱酷暑，
則會渴望清爽無負擔的味道。
今天想喝的咖啡，
會根據每一天的天氣和心情而變化。
為自己做一杯跳脫日常的咖啡，
也令人感到興奮。

咖啡凍奶

製作咖啡凍時，為了追求風味穩定，我多半使用浸泡式的器具萃取。為了之後加牛奶一起喝，我會用深焙咖啡來製作。不過使用哪一種烘焙度的豆子可依個人喜好決定。

材料與作法

用220ml的熱水萃取15g的咖啡粉，接著加入事先用1大匙冷水泡開的3g吉利丁以及1大匙砂糖溶解後，放入冰箱冷藏。凝固成形後，加入牛奶（依個人喜好添加），將咖啡凍搗碎並攪拌後享用。

漂浮咖啡

在冰咖啡上加冰淇淋，僅此而已。而且自己在家想要加巧克力或抹茶冰淇淋都隨心所欲。正因為做起來非常容易，所以特別適合在家做一杯專屬自己的漂浮咖啡。

材料與作法

以100ml的熱水萃取16g的咖啡粉，萃取得偏濃一些，加入滿滿的冰塊。接著將自己喜歡的冰淇淋舀在露出咖啡液的冰塊上。不馬上攪拌的原因是，如此一來就可以分別慢慢地品味咖啡、冰淇淋以及兩者混合起來的風味。

肉桂咖啡

我雖然喜歡淺焙咖啡，不過既然要加牛奶及鮮奶油，還是選用深焙豆更好喝一些。這款咖啡請一定要用深焙豆。用萃取得香醇濃郁的咖啡配上滿滿的香甜鮮奶油。

材料與作法

用180ml的熱水萃取13g的咖啡粉。將50ml的液態鮮奶油加入1小匙砂糖打發，舀至咖啡表面，撒上肉桂粉。鮮奶油要盡量打發一些，否則放入咖啡會直接融化。

水果咖啡

僅需在淺焙咖啡中加入喜歡的水果和糖漿即可。美味的重點是萃取出來的咖啡風味要乾淨爽口，以及糖要加得夠。

材料與作法

將切好的水果連同糖漿一起加進冰咖啡裡，充分攪拌即可。我個人喜歡先用220ml的熱水萃取20g的咖啡粉，接著加入2大匙糖漿，再加冰塊做成淺焙冰咖啡，用它來做水果咖啡。最近喜歡用龍舌蘭糖漿。

咖啡的輕食良伴

每次煮好了香醇的咖啡，
就令人想跟著「咖啡良伴」一起享用。
我們家的家常食譜，
每一道都是咖啡時光的人氣配角。

Recipe 01

隔夜咖哩熱壓三明治

煮了咖哩吃不完的隔天，常常拿來做熱壓三明治。要訣是記得要留下肉跟蔬菜。因為我家都是肉食愛好者，所以我也會把隔天的分量算進去，在咖哩中多加一些肉。改用不同的起司，風味也會跟著改變，嘗試各種組合也很有趣。

材料

吐司…2片
隔夜咖哩…適量
自己喜歡的起司…適量（我多半使用低熔點起司或切達起司）

作法

1. 在小鍋子裡放入隔夜咖哩，一邊輕輕拌炒加熱至水分收乾，放涼備用。（有放馬鈴薯的話，咖哩會較濃稠）
2. 吐司鋪上滿滿的咖哩和起司。
3. 用熱壓三明治機將吐司烤至香酥。
   ※如果家裡沒有熱壓三明治機，可將吐司邊切掉後，以叉子輕壓吐司的四邊封緊，再用小烤箱烤至香酥即可。

Recipe 02

南瓜湯

過去在旅途中曾因為喝到美味的南瓜湯而感到救贖，自此之後就常在家自己做。這道湯裡面有加藜麥，為整體增添了口感。雖然作法簡單，不過因為加了藜麥，就算不吃其他東西一樣能感到滿足。

材料

奶油…10g
洋蔥…1/2個
南瓜…1/4個
藜麥…2大匙
鹽、胡椒…各適量
雞粉…2小匙
牛奶（或液態鮮奶油）…100ml
巴西里（切碎）…適量
橄欖油…適量
液態鮮奶油（依喜好添加）…適量

作法

1 鍋中放入奶油融化，加入切絲的洋蔥拌炒，撒上鹽和胡椒。
2 洋蔥炒軟後，將切成一口大小的南瓜放入鍋中，再倒入稍微蓋過食材高度的水（分量外）。
3 加入雞粉燉煮。
4 南瓜煮軟後，用果汁機等工具打成濃湯。
5 在濃湯中加入藜麥，用極小火煮10分鐘左右。
6 加入牛奶，以鹽調味。
7 盛入碗裡，撒上巴西里，最後淋上橄欖油和鮮奶油即完成。

Recipe 03

自家的熱狗堡

有媽媽味的熱狗。因為作法太簡單了，特別寫出食譜還真有點不好意思。在我的認知中，說到熱狗堡，就是這個味道。
雖然平凡又樸實，但是有一種安心的味道。
裡面放了許多高麗菜，所以我也常常做給女兒們吃。

材料

熱狗麵包…1個
維也納香腸（長度稍長）…1根
高麗菜…適量
番茄醬…適量
美乃滋…適量

作法

1 高麗菜切絲川燙。
2 用小火慢烤維也納香腸。
3 在熱狗麵包上切一道開口，塗上番茄醬（可以畫一條線的量）。
4 夾進大量的高麗菜，再放入香腸。
5 塗上大量的美乃滋。
6 放入烤箱中將麵包烤至酥脆的程度。

Recipe 04

法式吐司

自從某次家人說想吃，才開始做法式吐司。在各種嘗試之後，裹上不甜的蛋液，撒上糖，再烤至酥脆 —— 這種作法成了我們家的招牌。根據喜好也可以淋上大量的楓糖

材料
雞蛋…1顆
牛奶…100ml
喜歡的麵包…1～2片
奶油…10g
喜歡的糖…適量
楓糖（依喜好）…適量

作法
1 將雞蛋和牛奶混合均勻，放入麵包浸泡約15分鐘。
2 在平底鍋中融化5g奶油，用小火～中小火慢慢煎烤麵包。
3 適度上色後翻面，加入剩餘的奶油繼續煎烤。
※煎烤時的重點是要讓麵包中間也確實加熱。
4 在麵包上面撒糖、稍微加大火源，烤到糖融化。
※盛盤後經過一段時間，表層的糖會變脆，這時享用最為理想。
5 依喜好淋上楓糖。

Recipe 05

無花果和生火腿

我喜歡大片生火腿。長大後才發現，水果加上生火腿特別好吃。
我曾搭配各種水果一起吃，其中特愛生火腿和無花果的組合，
尤其在無花果產季必吃。

材料

無花果…1個
砂糖… 適量
生火腿（推薦伊比利火腿）…適量
喜歡的麵包（法式長棍麵包等）…適量

作法

1 在無花果上撒少許糖，放入小烤箱中烤5～10分鐘。
※甜的無花果可以不加糖。
※因為會出水，烤的時候要在烤盤上鋪鋁箔紙。
※烘烤約10分鐘讓無花果呈黏糊狀，烘烤程度可依自己的喜好決定（我喜歡以弱火烤5分鐘）。
2 將麵包、生火腿和無花果盛入容器中。
3 用叉子把無花果搗碎，放在麵包上，和生火腿一起吃。

Recipe 06

香脆義大利培根藍紋起司三明治

自從附近的商店開始販售美味的薄片義大利培根之後，我就深陷其中。
如果買得到義大利培根（Pancetta），強力推薦試試這道食譜。
我很喜歡藍紋起司，不過因為它有點鹹，我會建議用硬一點的麵包。
通常我會用英式吐司。這道三明治也很適合配酒一起吃。

材料

義大利培根…3片
藍紋起司…適量
吐司…2片

作法

1 平底鍋中放入義大利培根，以小火慢煎至酥脆。
2 吐司烤過，夾入義大利培根與藍紋起司。

我較常買丹麥藍起司。味道不會太過強烈，價格也很實惠。

Recipe 07

巧克力覆盆子吐司

塗上巧克力再烘烤，就是最美味的吐司。莓果系果醬的組合是重點，真的好吃。
除了商店購買的果醬外，我也常用冷凍混合漿果製作減糖的果醬。建議不要用太甜的果醬。

材料

吐司…1片
自選巧克力…適量
莓果類果醬…適量

作法

1 用手將巧克力掰開，鋪在麵包上。
2 麵包放入小烤箱，烤至巧克力融化，然後將巧克力均勻塗開。
3 沾著果醬一起吃。

Recipe 08

哈密瓜香草

小時候，我最喜歡哈密瓜口味的Sherbic*。也因為這樣，
至今我還是好喜歡喝哈密瓜牛奶。
長大之後，我稍微奢侈地用哈密瓜和香草冰淇淋打成冰沙。
甜的哈密瓜當然最好，但是拿不夠甜的哈密瓜來做也一樣好吃。

材料

哈密瓜…1/4塊（淨重150～200g）
香草冰淇淋…1～2大匙（30～50g）
※可根據哈密瓜的甜度調整冰淇淋的量。

作法

1 用挖球器或湯匙將哈密瓜中間較甜的果肉部分舀出來作為裝飾配料。
2 把剩下的哈密瓜果肉從皮邊切下，和冰淇淋一起放入攪拌機。
※如果覺得水分不夠，可以加牛奶。
3 倒入玻璃杯中，在上面放挖下來的哈密瓜與冰淇淋（適量）。

* 譯註：Sherbic（シャービック）為一種自製甜點材料包，加入水中溶解後，放冰箱冷凍和固化即可享用的冷凍甜點。由ハウス食品株式會社推出。

01
HARIO

part.5

室內裝飾、收納 以及日常愛用品

抱著「想在這裡喝咖啡」的衝動下買了這張咖啡桌。
這件老物已經有些年代了，我想要好好地小心照顧並使用它。

享受咖啡的空間

我平常的工作是撰寫有關咖啡主題的部落格。
包含兩個女兒在內，
我們一家四口悠閒地生活著。
我總是一邊喝著咖啡一邊休息，
因此客廳的桌子和沙發，
是我情有獨鍾的家具。

我總是坐在這張沙發上，慵懶地看電視或玩遊戲。
雖然會重新擺設，但最後沙發還是會面對著電視。

沙發和桌子都是來自同一位設計師 ——Hans J. Wegner。這是我從古董家具店購入的。預想著我的女兒們會打翻很多東西，所以就把沙發換成了合成皮的。

回家後我會把包包放在這裡，或是周末洗完周一要用的運動服也會放這。總之什麼都放。

「我經常在客廳拍攝，
而客廳後面就是我的工作室。家人喜歡的書
都放在大書櫃上，包括咖啡的書。」

庫存的飲料、攝影小道具和沒在用的咖啡器具，都存放在樓梯下。

餐廳位在廚房和客廳之間。 拉出底板可以使桌子變大。 椅子和桌子都是老物。

玄關除了鞋櫃之外沒有其他儲物空間，因此我把帽子和小包包掛在這裡。不過我總覺得不太好用。

後面是一面書牆。最近剛清出了我不看的書，之後想再用更多書填滿它。

這個空間原本應該是榻榻米房間，現在是客廳的延伸。為了女兒們放了書桌，結果我是最常用的人。

因為漫畫都買電子書，所以書架基本上都是雜誌和我丈夫的商業書籍。喜歡的食譜也是買實體書而不是電子書。

將iPad等充電用品放在桌子下。沒在用的電線有了收納空間，桌上散亂的電線問題也得到了解決。

最近在陽台上做了休憩空間。所有家具都是IKEA的。為了在這慵懶度日，可以舒服倚靠的椅子是絕對必要的。

除了喝咖啡，也可以一邊放鬆眺望，一邊享受日光浴。我的療癒空間。

「在半戶外陽台上享用的咖啡，
隨著心情的改變，味道也跟著不一樣了。」

寬闊的桌子是用來吃晚餐的。每當想變換心情時，就會與家人在這裡共進晚餐，同時一邊歡騰言談。

由於廢氣和PM2.5的問題，所以索性在陽台上裝了扇窗。下雨天雨水也不會打進來了，感覺就像多了一個房間。真是個正確的決定。

地板也是木頭的，所以可以直接赤腳上陽台。我打算慢慢增加一些植物。

廚房深處的櫃子，最上層以咖啡器材為主，第二層為濾杯，第三層為下壺與各式玻璃杯。

收納器材與容器

咖啡器材有各式各樣的形狀與尺寸，收納不易。為了方便拿取，最後就是把所有東西擺成一列。不過購買時，我會盡量統一選素面的顏色。僅僅只是將喜歡的東西排一排，就能感到幸福。

放在吧檯上方櫃子的物品基本上是固定的。不過如果有新買的東西時，也會定時更換擺設。

「除了料理空間外，一切隨意。
但最後放的都是跟咖啡有關的東西。」

磨豆機的周圍常常會散落一堆咖啡粉，所以我決定把它們固定放在方便打掃的位置。

因為個人喜好，玻璃製品不自覺地變得越來越多。好在玻璃即使排成一列也不會覺得雜亂。

杯墊、鍋墊與餐墊放在淺籃中，拿取時很方便。

亞麻織品統一收納在籃子中。雜物則集中放在左邊的籃子裡，用布蓋起來眼不見為淨。

最下面的收納空間很充裕。不然的話容易變得很雜亂。

「總的來說，收納就是不斷試錯。
雜亂時就嘗試考慮不同的收納方式，
慢慢地打造一座舒心的廚房」

上／櫃子上的冷水壺與刷子。這樣的組合，怎麼說都有點可愛。中／常用的攪拌棒和刷子應盡量方便取用和歸位，這樣直放可以一目了然。下／較大的砧板直放在狹長的空間裡。

IKEA買的籃子，裡面放麵包、穀物與水果等等。

生活中的愛用品

日復一日的生活中，
當入手喜歡的物品時，
那種幸福無法言喻。
我果然很戀物。

餐具

守田詠美的聖代湯匙與叉子，我喜歡它精美的設計，使用起來愈發覺得可愛。用起來很方便也是我愛用它的理由。

鑄鐵鍋

雖然有壓力鍋，但是只要時間足夠，燉煮的料理我都會用這只鍋。尺寸剛好且方便使用，料理時總少不了它。

愛店販售的果醬

我本來不喜歡果醬，但是一遇到好吃的就著迷了。這三款搭配吐司真的很好吃。左起為sui.、SUNDAY、DEAN & DELUCA。

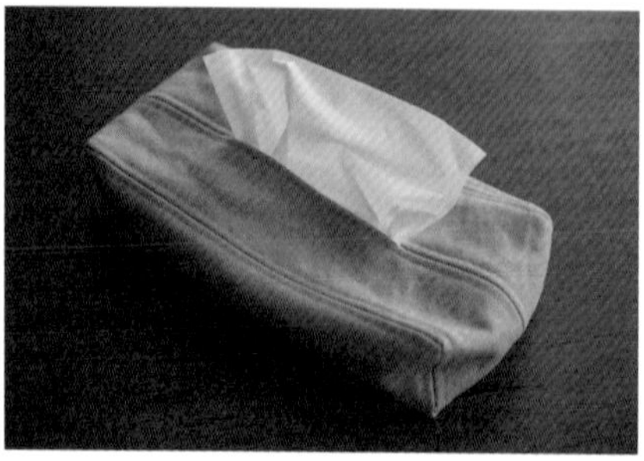

廣松木工的面紙盒

這個面紙盒造型意外吸睛，還成了室內裝飾的重點之一。我們家全部都用這一款。我雖然都選土灰色，但其顏色種類豐富，而且很耐用。

象牙白的器皿

象牙白的東西跟什麼都很合，每當煩惱該選什麼盤子時，最後總是選了它。其中我最常用田中直純的盤子，尺寸很萬用。

「日常生活使用的物品，每一樣都精心挑選、愛惜使用」

富岡掃除清潔劑

用來洗去衣物附著洗劑之類的殘留物。雖然一開始是因為罐子很可愛才買的，不過用了之後也確實好用，所以一直用到現在。

護手霜與指緣油

竊喜有時會有人問我護手的方法。乾燥時在睡前使用Aēsop的護手霜，指甲保養後建議再充分的擦上OPI的指緣油。

延長線 monos PLUGO

攝影時常常會使用到延長線，最後我選擇這款。收納時可以捲起來，也可以掛著。可愛的設計也是讓我喜歡的理由。

D&DEPARTMENT的鞋盒

雖然是鞋盒，但可以裝任何東西。有尺寸可以選擇，用來放一些小東西再疊起來，不僅好看也很實用，我非常愛用。

奶油刀與果醬匙

Jean Dubost Laguiole的奶油刀與果醬匙，是我們家長年愛用的東西。奶油刀很好切，出場率很高。

後記

如果問我人生中什麼最辛苦，我會秒答「養孩子」。

我原本是一個想到什麼就會行動的人，也總是只做自己喜歡的事。

我喜歡漫畫、遊戲和動漫，就算盯著電腦工作一天，也從不覺得累。

而且最愛一個人待在房間裡。

女兒出生後，我才發現，失去自由對我來說竟然這麼痛苦。

除此之外，對於身負的責任也感到越來越害怕。

每天都想著希望女兒快點長大。

而當時治癒我的，無疑就是咖啡了。

並非是咖啡的「味道」，而是「喘口氣」的感覺對我來說太重要了。

如此短暫的喘息成為了一天的樂趣、一種習慣以及生活的一部分，如今更已成為不可或缺的一部分。原本「喘口氣」才是目的，但漸漸咖啡的「味道」、「香氣」與「空間」也變得重要，「喝咖啡」很快樂，而「沖咖啡」也一起加入了這份快樂。

對了，現在我的女兒們都長大了，可愛到讓人想吃掉她們，我有時會希望她們不要再長大了。

雖然我平常會試用並介紹很多咖啡器材，但還是會希望可以長年使用自己愛用的器材。從咖啡器材開始愛上「咖啡」的我，果然無法抵擋它們的魅力。不論新東西或老物件、父母傳承下來或人家送的東西，甚至是有缺陷或是很難用的物品，只要自己喜歡，其他東西就沒得比。同樣地，不管淺焙、深焙、精品咖啡或即溶咖啡，喜歡的東西就是喜歡。

本書集結了所有我與咖啡的生活。若這本書也能為你找到屬於自己，且能讓自己與最棒的「咖啡日常」更加貼近，我會很開心。

把我的咖啡日常寫成一本書，感觸實在很深，就像做夢一樣。對於每天為我帶來療癒、快樂及能量的咖啡，以及從YouTube和SNS聲援我的大家，還有一直支持我的家人，我都要由衷地表示感謝。

shop list

minä perhonen
https://www.mina-perhonen.jp/

COFFEE COUNTY
http://coffeecounty.cc/

iittala（特別訂製／scope）
https://www.scope.ne.jp/

Cores（Oishi&Associates）
https://cores.coffee/

WPB
www.wpb.co.jp

Shell House
https://www.instagram.com/shell_house1025
※銷售店鋪：SUNDAY／mano cafe（http://manocafe-yore.com/）

everyday（day&day's）
https://www.day-days.com/

Kalita
https://www.kalita.co.jp/

HARIO
https://www.hario.com/

BLUE BOTTLE COFFEE
https://store.bluebottlecoffee.jp/

ANAheim（DETAIL INC.）
http://detail.co.jp/brand/anaheim/

珈琲考具（下村企販）
https://www.rakuten.ne.jp/gold/simomura-kihan/coffee.html

TORCH
https://dodrip.net/

COMANDANTE（ボンタイン珈琲）
https://www.bontaincoffee.com/

1ZPRESSO（ロジック）
https://plusmotion.jp/

BARATZA（BREW MATIC JAPAN）
https://www.brewmatic.co.jp/

Cafflano
https://www.cafflano.jp/

TIMEMORE（BRANDING COFFEE）
https://0141coffee.jp/

Brewista
https://brewista.jp/

TOKADO COFFEE（豆香洞コーヒー）
http://tokado-coffee.shop-pro.jp/

COFFEE&CAKE STAND LULU
https://www.instagram.com/cacs_lulu/

Nestlé
https://nestle.jp/Starbucksathome/products/mixes/

TAKAMURA COFFEE ROASTERS
https://takamuranet.com/

DEAN&DELUCA
https://www.deandeluca.co.jp/

HIGHLANDS COFFEE（越南咖啡）
https://highlandscoffee.jp/

KEY COFFEE 通販倶楽部
https://www.key-eshop.com/

KINTO
https://kinto.co.jp/

CB JAPAN
www.cb-j.com

sui.
sui.info

SUNDAY
https://www.instagram.com/hiroko_sunday/

STAUB（ZWILLING J.A. HENCKELS JAPAN）
https://www.staub-online.com/jp/ja/home.html

広松木工
http://shop.hiromatsu.org/

TOMIOKA CLEANING（HAPPY TREE）
http://www.tomioka-group.co.jp/

monos
http://www.monos-onlineshop.jp/

Laguiole（Jean Dubost／Zakka Works）
http://www.zakkaworks.com/jeandubost/

D&DEPARTMENT
https://www.d-department.com/

KIRISHIMA BEER
https://www.kirishima.co.jp/brand/beer/

FELLOW（Kurasu）
https://jp.kurasu.kyoto/

月兔印
https://livingnavi.com/

SteepShot（Hoshikawa Cafe／HSKWKF）
https://hoshikawacafe.com/

French Press（Bodum Japan）
https://www.bodum.com/jp/ja/

AeroPress®（小川珈琲）
https://oc-m.jp/aeropress

ALESSI
https://alessijp.com/

Flair Espresso Japan
https://flairespresso.jp/

ROK Coffee
https://www.rokcoffee.jp/

BIALETTI（StrixDesign Inc.）
Bialetti.jp

Nano Foamer Japan
https://subminimal.tokyo/

BRRREWER（LISTYC）
https://essense-coffee.jp-official.com/

oceanrich（UNIQ）
https://item.rakuten.co.jp/uniqdirect/oceanrich_plus/

sosogu_
instagram @taka_az
※以IG訊息聯絡

Trangia（IWATANI PRIMUS）
https://www.iwatani-primus.co.jp/

RIVERS（STUNSCAPE）
http://www.rivers.co.jp/

COFFEE UNIDOS
http://tanacafe.jp/

PostCoffee
https://postcoffee.co/

FILTER SUPPLY
https://hifiltersupply.stores.jp/

suzunari coffee
https://shop.suzunaricoffee.com/

飲饌風流　116

CAFICT有咖啡的生活

器皿擺設、沖煮技巧、輕食餐搭，打造家的咖啡館

原　書　名 —— CAFICT コーヒーと暮らす。
作　　　者 —— 久保田真梨子
譯　　　者 —— 張成慧

總　編　輯 —— 王秀婷
主　　　編 —— 洪淑暖
版　　　權 —— 徐昉驊
行 銷 業 務 —— 黃明雪

發　行　人 —— 涂玉雲
出　　　版 —— 積木文化
104台北市民生東路二段141號5樓
電話：(02)2500-7696　傳真：(02)2500-1953
官方部落格：http://cubepress.com.tw
讀者服務信箱：service_cube@hmg.com.tw

發　　　行 —— 英屬蓋曼群島商家庭傳媒股份有限公司城邦分公司
台北市民生東路二段141號2樓
讀者服務專線：(02)25007718-9
24小時傳真專線：(02)25001990-1
服務時間：週一至週五09:30-12:00、13:30-17:00
郵撥：19863813　戶名：書虫股份有限公司
網站　城邦讀書花園｜網址：www.cite.com.tw

香港發行所 —— 城邦（香港）出版集團有限公司
香港灣仔駱克道193號東超商業中心1樓
電話：+852-25086231　傳真：+852-25789337
電子信箱：hkcite@biznetvigator.com

新馬發行所 —— 城邦（馬新）出版集團Cite (M) Sdn Bhd
41, Jalan Radin Anum, Bandar Baru Sri Petaling, 57000 Kuala Lumpur, Malaysia.
電話：(603) 90563833　傳真：(603) 90576622
電子信箱：services@cite.my

封 面 完 稿 —— 曲文瑩
製 版 印 刷 —— 上晴彩色印刷製版有限公司

【日文版製作人員】
美術指導：藤崎良嗣 pond inc.
設　　計：山本倫子 pond inc.
攝　　影：くぼたまりこ
校　　對：荒川照実
D　T　P：明昌堂
編　　輯：加藤登美子、天野隆志（主婦の友社）

【印刷版】
2023年3月2日　初版一刷
售　價／NT$ 450
ISBN　978-986-459-480-1

【電子版】
2023年3月
ISBN　978-986-459-481-8（EPUB）

國家圖書館出版品預行編目(CIP)資料

CAFICT有咖啡的生活：器皿擺設、沖煮技巧、輕食餐搭,打造家的咖啡館/久保田真梨子著；張成慧譯. -- 初版. -- 臺北市：積木文化出版：英屬蓋曼群島商家庭傳媒股份有限公司城邦分公司發行, 2023.03

面；　公分. --（飲饌風流；116）

譯自：CAFICT コーヒーと暮らす

ISBN 978-986-459-480-1（平裝）

1.CST: 咖啡

427.42　　111022426